rowohlts monographien
begründet von Kurt Kusenberg
herausgegeben
von Klaus Schröter

Rudolf Steiner

mit Selbstzeugnissen
und Bilddokumenten
dargestellt von
Johannes Hemleben

rororo bildmonographien

Rowohlt

Dieser Band wurde eigens für «rowohlts monographien» geschrieben
Den dokumentarischen und bibliographischen Anhang besorgte der Autor
Herausgeber: Kurt Kusenberg
Umschlagentwurf: Werner Rebhuhn
Vorderseite: Rudolf Steiner, 1916
Rückseite: Das zweite Goetheanum

Veröffentlicht im Rowohlt Taschenbuch Verlag GmbH,
Reinbek bei Hamburg, Februar 1963

Gesetzt aus der Linotype-Aldus-Antiqua
und der Palatino (D. Stempel AG)
Gesamtherstellung Clausen & Bosse, Leck
Printed in Germany
780-ISBN 3 499 50079 5

199.–205. Tausend April 1986

Inhalt

1919

Unsterblichkeit, Ungeborenheit — erst wer beides versteht, versteht die Ewigkeit.

Rudolf Steiner

Rudolf Steiners Selbstbiographie, die er in den letzten Jahren seines Lebens zumeist vom Krankenbett aus als *Mein Lebensgang* geschrieben hat, enthält erstaunlich wenig über die private Sphäre seines Lebens. Um so sorgfältiger kommt der objektive Entwicklungsgang seines Erkenntnisstrebens zur Darstellung, vom ersten frühen Erlebnis der Geometrie und des Kopernikanismus über das Studium Kants bis zu den Erfahrungen des gereiften Mannes im meditativen Leben. Er hielt es für unbescheiden und unsachlich, eine Selbstdarstellung der privat-persönlichen Erlebnisse zu geben. *Denn es war stets mein Bestreben, das, was ich zu sagen hatte, und was ich tun zu sollen glaubte, so zu gestalten, wie es die Dinge, nicht das Persönliche forderten. Es war zwar immer meine Meinung, daß das Persönliche auf vielen Gebieten den menschlichen Betätigungen die wertvollste Färbung gibt. Allein mir scheint, daß dies Persönliche durch die Art, wie man spricht und handelt, zur Offenbarung kommen muß, nicht durch das Hinblicken auf die eigene Persönlichkeit. Was aus diesem Hinblicken sich ergeben kann, ist eine Sache, die der Mensch mit sich selbst abzumachen hat.*

Aus dieser Grundhaltung ist verständlich, daß aller menschlichen Neugier zum Trotz der Leser einer Biographie «in Selbstzeugnissen» über Lebensbegegnungen Rudolf Steiners nur so viel erfährt, als diese Begegnungen auf geistigem Felde stattfanden. Die persönlichen Erlebnisse werden nur mit äußerster Behutsamkeit angedeutet. Um so klarer vermögen die objektiven Schicksalsumstände in Erscheinung zu treten.

Die Mutter: Franziska Steiner, geb. Blie (1834—1918)

KINDHEIT UND JUGEND

Auf der Grenzlinie zwischen Mittel- und Osteuropa wurde Rudolf Steiner geboren. Er selbst hat in dieser Lage seines Geburtsortes keinen Zufall erblickt. Daß er als Kind österreichischer Eltern in Kraljevec im damaligen Ungarn, heute Jugoslavien, zur Welt kam, erschien ihm von zeichenhafter Bedeutung. Die Polarität von Ost und West sollte als Spannung sein ganzes Leben begleiten.

Sowohl mein Vater wie meine Mutter waren echte Kinder des herrlichen niederösterreichischen Waldlandes nördlich von der Donau. Diese weltabgeschiedene Gegend Österreichs blieb bis heute von den zerstörenden Wirkungen der Zivilisation weitgehend verschont. Hier lebte sein Vater als Jäger in gräflichen Diensten. Der Wunsch nach Familiengründung veranlaßte ihn zu einem Berufswechsel. *Er verließ dann den Jagddienst und trat als Telegraphist bei der österreichischen Südbahn ein. Er war zuerst an einer kleinen Bahnstelle in der südlichen Steiermark angestellt. Dann wurde er nach Kraljevec an der ungarisch-kroatischen Grenze versetzt. In dieser Zeit fand die Verheiratung mit meiner Mutter statt. Deren Mädchenname ist Blie. Sie stammt aus einer alten Horner Familie. In Kraljevec bin ich am 27. Februar 1861 geboren. — So ist es gekommen, daß mein Geburtsort weit abliegt von der Erdgegend, aus der ich stamme.*

Zwei Tage nach seiner Geburt empfing Rudolf Steiner im Nachbardorf die christliche Taufe der römisch-katholischen Kirche.

Nur anderthalb Jahre blieb das Kind in Kraljevec. Nach einem halben Jahr in Mödling bei Wien wurde der Vater erneut versetzt, nach der Bahnstation Pottschach an der Semmering-Bahn — einem für die damalige Zeit technischen Wunder. Hier verbrachte der Knabe vom zweiten bis zum achten Jahre seine eigentliche Kindheit. An diese Zeit erinnerte sich Rudolf Steiner zeit seines Lebens mit großer Freude und Dankbarkeit.

Eine wundervolle Landschaft umschloß meine Kindheit. Der Ausblick ging auf die Berge, die Niederösterreich mit Steiermark verbinden: Der Schneeberg, Wechsel, die Raxalpe, der Semmering. Der Schneeberg fing mit seinem nach oben hin kahlen Gestein die Sonnenstrahlen auf, und, was diese verkündeten, wenn sie vom Berge nach dem kleinen Bahnhof strahlten, das war an schönen Sommertagen der erste Morgengruß. Der graue Rücken des «Wechsel» bildete dazu einen ernst stimmenden Kontrast. Das Grün, das von überall her in dieser Landschaft freundlich lächelte, ließ die Berge gleichsam aus sich hervorsteigen. Man hatte in der Ferne des Umkreises die Majestät der Gipfel, und in der unmittelbaren Umgebung die Anmut der Natur.

So beschreibt Rudolf Steiner selbst die Natur seines Kinderlandes. Auf der anderen Seite war das

Der Vater: Johann Steiner (1829—1910)

Rudolf Steiners Geburtshaus in Kraljevec

Milieu, in dem er aufwuchs, wesentlich durch den Beruf seines Vaters bestimmt. Die Familie, zu der sich im Laufe dieser Jahre noch eine Schwester und ein Bruder gesellten, wohnte im Stationsgebäude, an dem die Schienenstränge unmittelbar vorbeiführten. Das Einlaufen und Abfahren der Züge, das Klingeln der Signale, das mechanische Rattern des Telegraphen bestimmte die Lebensatmosphäre und den Tageslauf.

Es verkehrten zwar damals in dieser Gegend die Züge nur in größeren Zeitabständen; aber wenn sie kamen, waren zumeist eine Anzahl von Menschen des Dorfes, die Zeit hatten, am Bahnhof versammelt, um Abwechslung in das Leben zu bringen, das ihnen sonst anscheinend eintönig vorkam. Der Schullehrer, der Pfarrer, der Rechnungsführer des Gutshofes, oft der Bürgermeister erschienen da. Die Ankunft z. B. eines bestimmten Zuges von Wien war das tägliche Ereignis, das die Honoratioren versammelte und die Kinder in Bewegung brachte.

In diesem Milieu erlebte der Knabe Rudolf Steiner von frühestem Lebensalter an die Polarität von Natur und Technik. Er erfuhr das Heilsame der unberührten Natur und erlebte zugleich die anziehende Macht der sich immer stärker geltend machenden Technik.

Ich glaube, daß es für mein Leben bedeutsam war, in einer solchen Umgebung die Kindheit verlebt zu haben. Denn meine Inter-

essen wurden stark in das Mechanische dieses Daseins hineingezogen. Und ich weiß, wie diese Interessen den Herzensanteil in der kindlichen Seele immer wieder verdunkeln wollten, der nach der anmutigen und zugleich großzügigen Natur hin ging, in die hinein in der Ferne diese dem Mechanismus unterworfenen Eisenbahnzüge doch jedesmal verschwanden.

Zwei weitere Faktoren im Erlebnisbilde des Kindes waren Schule und Kirche, Lehrer und Pfarrer. Nach einem Zerwürfnis mit dem

Der Bahnhof von Pottschach

anscheinend nicht sehr fähigen Lehrer der Dorfschule übernahm der Vater des jungen Steiner selbst den Unterricht.

Und so saß ich denn stundenlang neben ihm in seiner Kanzlei, und sollte schreiben und lesen, während er zwischendurch die Amtsgeschäfte verrichtete. Daß dabei nicht sonderlich viel zustande kam, nimmt nicht wunder. Des Knaben Aufmerksamkeit galt weit mehr dem Eisenbahndienstbetrieb als den lästigen Übungen erster Schreibversuche. Der Umgang mit der Streusandbüchse und das Schnitzen der Schreibfedern interessierten ihn — nicht so sehr die Schönheit der selbstgefertigten Buchstaben. Aber auch eine menschliche Erscheinung prägte sich seiner Erinnerung ein. Der Pfarrer des Nachbarortes St. Valentin besuchte fast täglich die Familie Steiner. Er war ein Original und zugleich *der Typus des liberalen katholischen Geistlichen, tolerant, leutselig. Er war witzig, sprach gerne in Schnurren und liebte es, wenn die Menschen um ihn lachten.* Von Knödeln und Backrezepten vermochte er sachkundig zu reden. Scharfe Kritik übte er an den Einrichtungen seiner eigenen Kirche, so daß sich eine Atmosphäre der Auflösung der althergebrachten religiösen Verhältnisse um ihn ausbreitete. Dabei kritisierte er mit Humor, ohne jede fanatische Schärfe und ließ die traditionellen Formen der Kirche auf sich beruhen. Reformatorisches Handeln lag diesem liebenswürdigen Österreicher völlig fern.

Neudörfl

Im achten Lebensjahre des Knaben siedelt die Familie Steiner von Pottschach nach Neudörfl über, einem kleinen ungarischen Dorfe, eine Wegstunde von Wiener-Neustadt entfernt. Mit diesem Umzuge war der junge Rudolf Steiner schon ein wesentliches Stück näher an die moderne Zivilisation herangerückt. Die ihm einst so nahen und liebgewordenen Alpenzüge mit den ihnen vorgelagerten Waldungen waren in die Ferne gerückt und bildeten nur noch die Horizontkulisse. Als eine Erinnerung an das verlorene Waldparadies erschien ihm das Rosalien-Gebirge, an dessen Abhang Neudörfl liegt. Wie ein wohltuender und schützender Hintergrund lagert sich dieser bewaldete Hügelzug vor Ungarn und seinen weiten Steppen.

Von der Höhe des Rosalien-Gebirges genießt man einen weiten Blick auf das Wiener Becken, in dessen Vordergrund das nicht sehr große, aber intensive Industriezentrum Wiener-Neustadt sichtbar ist.

Eine Wohltat waren diese Wälder auch für den heranwachsenden Knaben. *Denn in den Wäldern waren Brombeeren, Himbeeren, Erdbeeren zu finden. Man konnte oft eine innige Befriedigung daran haben, durch ein anderthalbstündiges Sammeln eine schöne Zugabe zu dem Familienabendbrot hinzuzufügen, das sonst für jeden nur aus einem Butterbrot oder einem Stück Brot mit Käse bestand.*

Eine halbe Stunde Fußweg von Neudörfl entfernt ist Sauerbrunn mit einer Quelle von eisen- und kohlensäurehaltigem Wasser. Der

Weg dahin geht der Eisenbahnlinie entlang und teilweise durch schöne Wälder. Wenn Schulferien waren, ging ich jeden Tag ganz früh morgens dahin, beladen mit einem «Blutzer». Das ist ein Wasserbehälter aus Ton. Der meinige faßte etwa drei bis vier Liter. Den konnte man ohne Entgelt an der Quelle füllen. Beim Mittag konnte dann die Familie das wohlschmeckende perlende Wasser genießen.

Man sieht, die Lebensumstände, unter denen Rudolf Steiner aufwuchs, waren die denkbar einfachsten — herb und gesund. Keine

Das Gebiet, in dem Rudolf Steiner seine Jugend verbrachte

Spur von Verweichlichung und Verwöhnung spielte in sein Knabenleben hinein. Er selbst charakterisiert die ökonomische Lage seiner Eltern als ein *Ankämpfen gegen die schlechte Bezahlung solcher kleiner Eisenbahnbeamter* und fügt hinzu, daß sie *stets die Bereitschaft gezeigt, ihre letzten Kreuzer für das hinzugeben, was dem Wohle ihrer Kinder entsprach, aber es waren nicht sehr viele solcher letzten Kreuzer vorhanden.*

In Neudörfl besuchte der Knabe zunächst die Dorfschule, die noch heute zum Teil erhalten ist, aber nicht mehr zu Schulzwecken benutzt wird. Sie liegt an der Hauptstraße des Dorfes, welche mit ihren niedrigen Häusern und ihrer breiten Anlage einen stark östlichen Eindruck macht.

Zwischen den beiden Häuserreihen floß ein Bächlein, und an dessen Seiten waren stattliche Nußbäume. An dem Verhältnis zu diesen Nußbäumen bildete sich eine Rangordnung unter den Kindern der Schule aus. Wenn die Nüsse anfingen, reif zu werden, so bewarfen die Buben und Mädchen die Bäume mit Steinen und setzten sich auf diese Art in den Besitz eines Wintervorrates von Nüssen. Im Herbste sprach keiner von viel anderem als von der Größe seiner Ausbeute an Nüssen. Wer am meisten erbeutet hatte, der war der angesehenste. Und dann ging es stufenweise nach abwärts — bis zu mir, dem letzten, der als «Fremder im Dorfe» kein Recht hatte, an dieser Rangordnung teilzunehmen.

Die Bahnhofstation, zugleich Wohnung der Familie Steiner, liegt oberhalb der Ortschaft. Die Kirche mit dem umgebenden Friedhof wiederum liegt auf halber Höhe, so daß der tägliche kurze Schulweg des Knaben stets an dem Kirchengelände vorbeiführte. Auch auf innerem Felde gehörten Schule und Kirche in unmittelbare Nähe. Alles, was in der Dorfschule geschah, entwickelte sich im Zusammen-

Die Schule von Neudörfl

Das Stationsgebäude von Neudörfl

hang mit der Kirche. In einem einzigen Schulraum wurden fünf Jahrgänge von Knaben und Mädchen gleichzeitig in der damals für Dorfschulen üblichen Form unterrichtet. Der eigentliche Schulmeister erschien nur selten. Er betätigte sich zumeist als Dorfnotar und ließ sich durch einen Hilfslehrer vertreten. Bei diesem entdeckte der Knabe ein Geometriebuch. Ein entscheidender Augenblick in seinem Jugendalter! *Mit Enthusiasmus machte ich mich darüber her. Wochenlang war meine Seele ganz erfüllt von der Kongruenz, der Ähnlichkeit von Dreiecken, Vierecken, Vielecken; ich zergrübelte mein Denken mit der Frage, wo sich eigentlich die Parallelen schneiden; der pythagoreische Lehrsatz bezauberte mich... Rein im Geiste etwas erfassen zu können, das brachte mir ein inneres Glück. Ich weiß, daß ich an der Geometrie das Glück zuerst kennengelernt habe.*

Es mag fast unglaublich klingen, daß ein kaum neunjähriger Knabe solcher Erlebnisse fähig ist. Doch sind sie für Rudolf Steiner typisch und aufschlußreich. In seinem weiteren Werdegang finden sich immer erneute Bestätigungen. *Ich sagte mir als Kind natürlich nicht deutlich, aber ich fühlte, so wie Geometrie muß man das Wissen von der geistigen Welt in sich tragen. Denn die Wirklichkeit der geistigen Welt war mir so gewiß wie die der sinnlichen. Ich hatte aber eine Art Rechtfertigung dieser Annahme nötig. Ich wollte mir sagen können, das Erlebnis von der geistigen Welt ist ebensowenig eine Täuschung wie das von der Sinnenwelt. Bei der Geometrie sagte ich mir, hier d a r f man etwas wissen, was nur die Seele selbst durch ihre eigene Kraft erlebt; in diesem Gefühle fand ich die Rechtfertigung von der geistigen Welt, die ich erlebte, ebenso zu sprechen wie von der sinnlichen. Und ich sprach so davon. Ich hatte zwei Vorstellungen, die zwar unbestimmt waren, die aber schon vor meinem achten Lebensjahr in meinem Seelenleben eine große Rolle spielten. Ich unterschied Dinge und Wesenheiten, «die man sieht» und solche, «die man nicht sieht».*

Er weiß sich getröstet in der Sicherheit, daß es auch Wirklichkeiten gibt, die unsichtbar sind. Diese Erfahrung gibt ihm das Licht, ohne das dem Knaben die Sinneswelt finster geblieben wäre. *Der Hilfslehrer in Neudörfl lieferte mir mit seinem Geometriebuch die Rechtfertigung der geistigen Welt, die ich damals brauchte.*

Auch künstlerische Anregungen verdankte er diesem Hilfslehrer. *Er spielte Violine und Klavier. Und er zeichnete viel. Beides zog mich stark zu ihm hin ... er veranlaßte mich, schon im neunten Jahre mit Kohlenstiften zu zeichnen.*

Der Hilfslehrer war zugleich Orgelspieler der Kirche, Kustos der Meßgewänder und der anderen Kirchengeräte; er leistete dem Pfarrer alle Hilfsdienste in der Versorgung des Kultus. Wir Schulknaben hatten den Ministranten- und Chordienst zu verrichten bei Messen, Totenfeiern und Leichenbegängnissen. Das Feierliche der lateinischen Sprache und der Kultus war ein Element, in dem meine Knabenseele gerne lebte. Ich war dadurch, daß ich an diesem Kirchendienste bis zu meinem zehnten Jahre intensiv teilnahm, oft in der Umgebung des von mir so geschätzten Pfarrers.

Mir steht von meiner Neudörfler Knabenzeit stark dieses vor der Seele, wie die Anschauung des Kultus in Verbindung mit der musikalischen Opferfeierlichkeit vor dem Geiste in stark suggestiver Art

In der Kirche von Neudörfl ministrierte der Knabe Rudolf Steiner

die Rätselfragen des Daseins aufsteigen läßt. Der Bibel- und Katechismus-Unterricht, den der Pfarrer erteilte, war weit weniger wirksam innerhalb meiner Seelenwelt als das, was er als Ausübender des Kultus tat in Vermittelung zwischen der sinnlichen und der übersinnlichen Welt. Von Anfang an war mir das alles nicht eine bloße Form, sondern tiefgehendes Erlebnis. Das war um so mehr der Fall, als ich damit im Elternhause ein Fremdling war.

In meinem Elternhause fand ich in dieser meiner Beziehung zur Kirche keine Anregung. Mein Vater nahm daran keinen Anteil. Er war damals «Freigeist».

Diese «Freigeistigkeit» des Vaters verhinderte auch, daß der Knabe die Firmung empfing.

Gegenüber der Schule lag das Pfarrhaus. Hier wohnte der Pfarrer, dem die Überwachung des Schulunterrichtes oblag und der auch zweimal in der Woche den Religionsunterricht erteilte. *Das Bild dieses Mannes hat sich tief in meine Seele eingeprägt ... Unter den Menschen, die ich bis zu meinem zehnten oder elften Jahre kennenlernte, war er der weitaus bedeutendste.*

Auch diesem Pfarrer verdanke ich besonders durch e i n e n *starken Eindruck außerordentlich viel für meine spätere Geistesorientierung. Er kam einmal in die Schule, versammelte die «reiferen» Schüler, zu denen er mich rechnete, in dem kleinen Lehrerstübchen um sich, entfaltete eine Zeichnung, die er gemacht hatte, und erklärte uns an ihr das kopernikanische Weltsystem. Er sprach dabei sehr anschaulich über die Erdbewegung um die Sonne, über die Achsendrehung, die schiefe Lage der Erdachse und über Sommer und Winter, sowie über die Zonen der Erde. Ich war ganz von der Sache hingenommen, zeichnete tagelang sie nach, bekam dann von dem Pfarrer noch eine Spezialunterweisung über Sonnen- und Mondfinsternisse und richtete damals und weiter alle meine Wißbegierde auf diesen Gegenstand.*

Wiener-Neustadt

Vom elften Lebensjahre an besuchte Steiner die Realschule in dem benachbarten Wiener-Neustadt. Nun mußte er täglich mit der Bahn zur Schule fahren. Doch oft war diese Fahrt wegen Stillegung der Strecke oder durch ungünstige Verbindungen behindert. Dann galt es, den Weg zu Fuß zu nehmen. Neudörfl lag in Ungarn, Wiener-Neustadt in Niederösterreich. Zwischen beiden floß der Grenzfluß, die Leitha. So mußte Rudolf Steiner täglich von «Transleithanien» nach «Cisleithanien» und zurück hinüberwechseln. Bei gutem Wetter betrug die Entfernung eine Wegstunde. Doch häufig kam es im Winter vor, daß Eisenbahnstrecke und Fußweg völlig verschneit waren. Dann mußte sich der Knabe mühsam durch knietiefen Schnee den Weg zur Schule bahnen. Gelegentlich kam ihm seine Schwester bis zum Ortsrand entgegen, um ihm seine schwere Schulmappe abzunehmen. Er selbst blickt im Alter ohne Bedauern auf diese hohe Beanspruchung seiner Körperkräfte in der Jugend zurück. Er glaubt in ihr den Grund für seine spätere Gesundheit zu erkennen.

Schwierigkeiten bereitet ihm das Stadtleben. So verbunden er sich mit dem Leben in Wald und Feld wußte, so sicher er sich auf innerem Felde der Mathematik und der reinen Gedankenbildung fühlte, so hilflos erlebte er sich in der äußeren Welt eines städtischen Getriebes. *Ich stand verträumt dem gegenüber, was zwischen und in den aneinandergepferchten Häusern vorging.* Diese Schwierigkeit, ein gleich sicheres Verhältnis zur städtischen Welt wie zur Innenwelt zu finden, hat ihm noch zwei Jahrzehnte zu schaffen gemacht.

Auf der Realschule empfing er die stärksten Eindrücke durch die Mathematik. Ein Programmaufsatz seines Schuldirektors (Heinrich Schramm): «Die Anziehungskraft betrachtet als eine Wirkung der Bewegung» kommt ihm in die Hände. Natürlich brachte er die Voraussetzungen nicht mit, eine solche, vor allem auf der Integral-Rechnung beruhende Arbeit zu verstehen. Unermüdliches Bemühen neben dem eigentlichen Unterricht ließ ihn dieses Hindernis in kurzer Zeit überwinden. Durch zwei Lehrer wurde er in dieser Richtung wesentlich gefördert: Laurenz Jelinek, Physiker und Mathematiker, und Georg Kosak, Lehrer der Geometrie. Durch Anleitung und intensives Selbststudium brachte der zwölf- bis dreizehnjährige Knabe es zu be-

Die Realschule in Wiener-Neustadt

achtlichen Kenntnissen in der darstellenden Geometrie und in der Wahrscheinlichkeitsrechnung. Er selbst spricht davon, daß er sich in dieser Zeit *ganz in die Geometrie vernarrte.*

In Kosak erlebt er einen Lehrer, *der wirklich das «Ideal» erfüllte, das vor meiner Seele stand. Ihm konnte ich nachstreben. Sein Unterricht war von außerordentlicher Geordnetheit und Durchsichtigkeit. Er baute alles so klar aus den Elementen auf, daß es dem Denken im höchsten Grade wohltätig war, ihm zu folgen.*

Steiners Fähigkeiten wurden auch von der Schulleitung erkannt, so daß er *von der vierten Klasse ab in der darstellenden Geometrie und im Zeichnen eine Note bekam, die sonst eben gar nicht gegeben wurde. Die höchste, schwer zu erhaltende Note war — vorzüglich, er hatte — ausgezeichnet — bekommen.*

Es darf wirklich, ohne zu renommieren, gesagt werden, daß der Knabe es mit sechzehn, siebzehn Jahren dahin gebracht hatte, die Kantschen Werke, soweit sie in der Reclamschen Universal-Bibliothek zu haben waren, in sich aufzunehmen. Es war eine neue Welt, die ihm aus diesem Philosophie-Studium aufging.

Damals wurde durch die Reclamsche Universal-Bibliothek zum ersten Male das bis dahin exklusive Wissen der Gelehrten in «Taschenbuchform» populär zugänglich. Dies kam der schlechten finanziellen Lage und den geistigen Bestrebungen des jungen Rudolf Steiner sehr entgegen. So konnte er sich bereits mit vierzehn Jahren

Kants «Kritik der reinen Vernunft» erwerben. Da die geschichtlichen Vorträge seines Schulprofessors ihn langweilten, er aber seine freie Zeit für Schulaufgaben benötigte, nahm er sein Schul-Geschichtsbuch auseinander *und klebte buchbinderisch ordentlich zwischen die Seiten der Geschichte die Blätter von Kants Kritik der reinen Vernunft.* So studierte er während des Unterrichts fleißig und gründlich Kants Werke.

Gleichzeitig sucht der an der Klarheit der Mathematik geschulte Knabe, dem der Umgang mit überschaubaren, durchsichtigen Gedanken zum Lebensbedürfnis geworden war, *einen Einklang zwischen einem solchen Denken und der Religionslehre* herzustellen. Da er niemals den geringsten Anlaß hatte, an dem Vorhandensein und Wirksamwerden einer geistigen Welt zu zweifeln, lebte er ohne Widerspruch und mit wirklicher Hingabe an die Kirchenlehren, die ihm durch gute Lehrbücher über Dogmatik, Symbolik und über Kirchengeschichte zugänglich waren.

Aus naheliegenden Gründen, um *wenigstens ein geringes zu dem beizusteuern, was meine Eltern von ihrem kärglichen Einkommen für meine Ausbildung aufwenden mußten,* gab Rudolf Steiner von seinem fünfzehnten Lebensjahre an Nachhilfestunden, *entweder an Mitschüler desselben Jahrganges oder an Schüler, die in einem niedrigeren Jahrgange waren als ich selbst ... Ich verdanke diesem Nachhilfeunterricht sehr viel.*

Doch nicht nur dies. Da er durch den Willen seines Vaters, der aus ihm einen Ingenieur machen wollte, nicht auf das Gymnasium, sondern auf die Realschule gekommen war, fehlten ihm die Kenntnisse der klassischen Sprachen. Das empfand er als schmerzlichen Mangel. *Und so kaufte ich mir griechische und lateinische Lehrbücher und trieb ganz im stillen neben dem Realschulunterricht einen privaten Gymnasialunterricht.* Als Student befähigte ihn später dieser Selbstunterricht dazu, auch an Gymnasiasten in den klassischen Sprachen Nachhilfeunterricht zu geben.

Mit achtzehn Jahren besteht er 1879 das Abiturium seiner Schule. Das dort heute noch aufbewahrte Maturitätszeugnis lautet:

«Nazionale des Abiturienten Steiner Rudolf aus Kraljevec in Ungarn, geboren am 27. Februar 1861, Sohn des Johann Steiner, Stationsleiter an der Südbahn in Neudörfl, katholisch, hat die Studien im Schuljahr 1872/73 an der Landesoberrealschule in Wiener-Neustadt begonnen und bis 1878/79 in allen Klassen an derselben beendet, im sittlichen Betragen die Note musterhaft erlangt. Der Abiturient erhielt das Zeugnis: ‹Reife mit Auszeichnung›.»

Wien

Um seinem Sohne das Studium an der Technischen Hochschule in Wien zu ermöglichen, hatte sich der Vater Steiners von Neudörfl nach Inzersdorf vor Wien versetzen lassen. Beruflich wird dies

Rudolf Steiner als Abiturient. Wiener-Neustadt, 1879

schwerlich für ihn eine Verbesserung gewesen sein. Der Landschaft nach war es eine erhebliche Verschlechterung. Eine trostlosere Ecke wird man in Österreich kaum finden. *Der Bahnhof stand da, weit vom Orte entfernt, in völliger Einsamkeit in einer unschönen Naturumgebung.* Abstellgleise und eine Reparaturwerkstätte bestimmen heute das Gelände. Die Waldparadiese von Pottschach und dem Rosalien-Gebirge sind nun verloren. Doch die Möglichkeit zum Studium ist gegeben. Im Herbst 1879 wurde Rudolf Steiner an der Technischen Hochschule in Wien immatrikuliert. Er belegte Biologie, Chemie, Physik, Mathematik als eigentliche Studienfächer. Es schien so, als ob der Wunschtraum seines Vaters, daß aus ihm ein Ingenieur werde, sich erfüllen sollte. Die Wirklichkeit aber sah anders aus.

In der Zeit zwischen Abiturium und Studium hatte Rudolf Steiner durch den Verkauf seiner bisherigen Schulbücher eine Reihe von Werken der großen Philosophen des deutschen Idealismus erwerben können. Von Kant und seiner so gründlich erarbeiteten Erkenntnistheorie wandte er sich nun zu Fichte, Hegel, Schelling und ihren Schülern und auch schon zu Darwin.

In Fichte und dessen «Ich-Philosophie» erklingt das eine große Thema der Menschheit des 19. und 20. Jahrhunderts. Kierkegaard, Stirner, Nietzsche haben es aufgenommen und ihre Antworten gegeben, ohne allgemein Zustimmung zu finden. Es ist die Frage nach der «Bestimmung des Menschen», nach seiner Autonomie und Abhängigkeit im Weltall, die hier willentlich aufklingt. Das «Ich», der geistige Wesenskern des Menschen, gibt ihm seine Sonderstellung vor allen Wesen. Welches ist seine Mission, welche Aufgabe hat er den Naturreichen gegenüber? Diese Fragen sind es, die sich für Rudolf Steiner um das 20. Lebensjahr unmittelbar ergeben.

Meine Bemühungen um naturwissenschaftliche Begriffe hatten mich schließlich dazu gebracht, in der Tätigkeit des menschlichen «Ich» den einzig möglichen Ausgangspunkt für eine wahre Erkenntnis zu sehen. Wenn das Ich tätig ist und diese Tätigkeit selbst anschaut, so hat man ein Geistiges in aller Unmittelbarkeit im Bewußtsein, so sagte ich mir. Um sich selber über seine eigene Auffassung und über seine Übereinstimmung und seine Differenzen mit Fichtes Wissenschaftslehre Klarheit zu verschaffen, nahm er Seite um Seite derselben vor *und schrieb sie um. — Vorher hatte ich mich damit geplagt, für die Naturerscheinungen Begriffe zu finden, von denen aus man einen solchen für das «Ich» finden könne. Jetzt wollte ich umgekehrt von dem Ich aus in das Werden der Natur einbrechen. Geist und Natur standen damals in ihrem vollen Gegensatz vor meiner Seele. Eine Welt der geistigen Wesen gab es für mich. Daß das «Ich», das selbst Geist ist, in einer Welt von Geistern lebt, war für mich unmittelbare Anschauung. Die Natur wollte aber in die erlebte Geisteswelt nicht herein.*

In diesem Selbstzeugnis berührt Rudolf Steiner erneut den Kardinalpunkt seiner eigenen geistigen Entwicklung. Im Gegensatz zum «modernen» Menschen ist ihm nicht die Geisteswelt Problem und verschlossenes Land. Die sinnliche Welt und das sichere Leben in derselben ist das Rätsel, das ihm unter größten Schwierigkeiten zu lösen aufgegeben ist.

Schon in der Kindheit hatten sich bei Rudolf Steiner hellseherische Fähigkeiten gezeigt, die ihn das Vorhandensein einer geistigen Welt «hinter» und «über» der Sinnenwelt nie in Zweifel ziehen ließ. Von früh an war darum sein Problem nicht die Frage: «Gibt es eine geistige Welt?» — sondern die: «Wie stehen physische und geistige Welt zueinander?»

Ich hielt mich damals für verpflichtet, durch die Philosophie die Wahrheit zu suchen. Ich sollte Mathematik und Naturwissenschaft studieren. Ich war überzeugt davon, daß ich dazu kein Verhältnis finden werde, wenn ich deren Ergebnisse nicht auf einen sicheren philosophischen Boden stellen könnte. A b e r i c h s c h a u t e d o c h e i n e g e i s t i g e W e l t a l s W i r k l i c h k e i t. Mit aller Anschaulichkeit offenbarte sich mir an jedem Menschen seine geistige Individualität. Diese hatte in der physischen Leiblichkeit und in dem Tun in der physischen Welt nur ihre Offenbarung. Sie vereinte sich mit dem, was als physischer Keim von den Eltern herrührte. Den gestorbenen Menschen verfolgte ich weiter auf seinem Wege in die geistige Welt hinein.

Wie sollte ein junger Mensch der achtziger Jahre des vorigen Jahrhunderts seinen Weg nehmen, der in sich die hier geschilderten Fähigkeiten vorfindet? Bis in die Theologie hinein hatte der Materialismus alles in seinen Bann geschlagen. Die Wahrnehmung der verstorbenen Menschenseelen konnte von seinen Zeitgenossen doch nur als Halluzination, als Ausdruck eines krankhaften Seelenlebens angesehen werden. Wer von derartigen Wahrnehmungen sprach, konnte wissen, daß nur Hohn und Spott ihm antworten würden. Im besten Fall stieß er auf Mitleid für einen so hochbegabten, jungen Menschen, den man tragischerweise für seelisch erkrankt hielt.

In einem Vortrag, den Rudolf Steiner 1913 in Berlin als *Skizze eines Lebensabrisses* hielt, spricht er davon, wie seine ungewöhnliche Erlebnisfähigkeit den Verstorbenen gegenüber schon in der Kindheit auftrat. Es wird um das Jahr 1868 gewesen sein, also in seinem achten Lebensjahre. Da saß der Knabe eines Tages allein im Wartesaal des Stationsgebäudes von Pottschach. Als er so dasaß, war es, als ob sich die Tür auftat, eine *Frauenpersönlichkeit trat zur Tür herein, ging bis in die Mitte der Stube, machte Gebärden und sprach auch Worte, die etwa in der folgenden Weise wiedergegeben werden können: — Versuche jetzt und später, so viel du kannst, für mich zu tun! — Dann war sie noch eine Weile anwesend unter Gebärden, die nicht mehr aus der Seele verschwinden können, wenn man sie gesehen hat . . .* Darauf verschwand die Frauengestalt, der Knabe war wieder allein. Das Kind wußte, daß es sich nicht um einen leiblichen Menschen gehandelt hatte. Wie aber sollte es mit einem solchen Erlebnis fertigwerden? *Der Knabe hatte niemanden in der Familie, zu dem er von so etwas hätte sprechen können, und zwar aus dem Grunde, weil er schon dazumal die herbsten Worte für seinen dummen Aberglauben hätte hören müssen, wenn er von diesem Ereignis Mitteilung gemacht hätte.*

Nach einigen Tagen stellte sich heraus, daß genau zu der Zeit, da der Knabe im Wartesaal dieses Erlebnis gehabt hatte, an einem entfernten Ort ein nahestehendes Familienmitglied durch Selbstmord aus dem Leben geschieden war. Für den Knaben bestand kein Zweifel, daß er die Seele der Abgeschiedenen geschaut hatte, die ihn für die Zukunft um Hilfe bat.

Dieses Erlebnis machte auf das Kind einen starken Eindruck. Doch war es nur der Anfang eines zwar ungewöhnlichen, aber von nun ab eine sein Leben wie selbstverständlich begleitende Fähigkeit von natürlichem Hellsehen. Das Unsichtbare war seiner Seele sichtbar geworden. *Und der Knabe lebte etwa von jenem Zeitpunkte ab mit den Geistern der Natur, die ja in einer solchen Gegend ganz besonders zu beobachten sind, mit den schaffenden Wesenheiten hinter den Dingen, in derselben Weise, wie er die äußere Welt auf sich wirken ließ.*

Aber er stand, wie gesagt, mit dieser «Begabung» eines natürlichen «Hellsehens», einer spontanen «clairvoyance» völlig allein. Es ist ein Zeichen seiner seelischen Gesundheit und Stärke, daß der Knabe die Kraft des Schweigens aufbrachte und seine Erlebnisse in aller Stille selbst verarbeitete. Wäre er als Kind etwa in den Wäldern Finnlands oder in einem Gebirgstal des Himalaja aufgewachsen, so wäre voraussichtlich ein solches «zweites Gesicht» keineswegs als etwas Ungewöhnliches erschienen. Der Knabe hätte in seiner Umgebung ein selbstverständliches Verständnis gefunden. Aber in dem Mitteleuropa um das Ende des 19. Jahrhunderts, das 100 Jahre zuvor nur langsam und fast widerwillig die eigentümliche hellseherische Begabung eines Emanuel Swedenborg (siehe Kants «Träume eines Geistersehers») zur Kenntnis genommen hatte, mußte ein junger Mensch, wollte er nicht zum Gespött seiner Umwelt werden, schweigen. Rudolf Steiner schwieg. Er schwieg so lange, bis ein gütiges Schicksal ihm einen Mann in den Weg führte, zu dem er von diesen Dingen reden konnte.

Um nach Wien zu gelangen, mußte der Achtzehnjährige täglich die Bahn von Inzersdorf bis zum Südbahnhof benutzen. *Da geschah es, daß ich mit einem einfachen Manne aus dem Volke bekannt wurde. Er fuhr jede Woche mit demselben Eisenbahnzuge nach Wien, den ich auch benützte. Er sammelte auf dem Lande Heilkräuter und verkaufte sie in Wien an Apotheken. Wir wurden Freunde. Mit ihm konnte man über die geistige Welt sprechen wie mit jemand, der Erfahrung darin hatte. Er war eine innerlich fromme Persönlichkeit. In allem Schulmäßigen war er ungebildet. Er hatte zwar viele mystische Bücher gelesen; aber, was er sprach, war ganz unbeeinflußt von dieser Lektüre. Es war der Ausfluß eines Seelenlebens, das eine ganz elementarische, schöpferische Weisheit in sich trug ... Wenn man mit ihm zusammen war, konnte man tiefe Blicke in die Geheimnisse der Natur tun. Er trug auf dem Rücken sein Bündel Heilkräuter; aber in seinem Herzen trug er die Ergebnisse, die er aus der Geistigkeit der Natur bei seinem Sammeln gewonnen hatte ... Und so wurde es mir nach und nach, wie wenn ich mit einer Seele aus ganz alten Zeiten zusammen wäre, die unberührt von der Zivilisation, Wissenschaft und Anschauung der Gegenwart, ein instinktives Wissen der Vorzeit an mich heranbrächte.*

Nimmt man den gewöhnlichen Begriff des «Lernens», so kann man sagen: «Lernen» konnte man von diesem Manne nichts. Aber man konnte, wenn man selbst die Anschauung einer geistigen Welt hatte, in diese durch einen Andern, in ihr ganz feststehenden, tiefe Einblicke tun.

Rudolf Steiner hat den Namen dieses Kräutersammlers, der ihm in seiner geistigen Einsamkeit so viel bedeutete, nie veröffentlicht. Wir verdanken es den hartnäckigen Bemühungen von Emil Bock, daß das Geheimnis um diesen schlichten Mann aufgehellt wurde. Er hieß Felix Koguzki, war am 1. August 1833 in Wien geboren und lebte zur Zeit Rudolf Steiners in Trumau, einem Dorfe südlich von Wien, in äußerst bescheidenen, aber geordneten Verhältnissen. Er starb 1909 und wurde auf dem Friedhof zu Trumau beigesetzt. Sein Grabstein ist gut erhalten und trägt die Inschrift: «Hier ruht Felix Koguzki, gestorben 1909 im 76. Lebensjahre.»

In seinen 1910–1913 entstandenen Mysteriendramen hat Rudolf Steiner diesem Kräutersammler in der Gestalt des Felix Balde ein Denkmal gesetzt.

Auch den Namen eines zweiten Mannes hat er nie genannt. Wir kennen ihn nur aus Andeutungen, die Rudolf Steiner hie und da gemacht hat. Schon bald nach dem Treffen mit dem Kräutersammler muß er diesem «Ungenannten» in Wien begegnet sein. Ihm verdankt er u. a. wesentliche Hinweise auf Fichte – in einer Richtung, aus der sich später wie aus Keimen seine «Geheimwissenschaft» entwickelt hat. *Und manches, aus dem die «Geheimwissenschaft» geworden ist, wurde damals in Anknüpfung an Fichtes Sätze erörtert. Ebenso unansehnlich im äußeren Berufe war jener ausgezeichnete Mann wie Felix auch.* Über diese Begegnung hat sich Rudolf Steiner im Jahre 1907 Edouard Schuré gegenüber ausgesprochen, als er in Barr im Elsaß bei ihm zu Gast war.

Im Vorwort zu der französischen Ausgabe von Rudolf Steiners Buch: *Das Christentum als mystische Tatsache* schrieb Schuré:

«Der Meister, den Rudolf Steiner fand, war eine jener machtvollen Persönlichkeiten, die, unbekannt für die Welt, unter der Maske irgendeines bürgerlichen Berufes leben, um eine Sendung zu erfüllen ... Die Anonymität ist die Vorbedingung ihrer Kraft, aber ihr Wirken ist deshalb nur um so nachhaltiger, denn sie erwecken, schulen und leiten diejenigen, die dann offen vor aller Welt ihre Taten tun können ... Für sich selbst hatte Rudolf Steiner sich schon seine geistige Aufgabe vorgezeichnet: Wissenschaft und Religion wieder zu verknüpfen. Gott in die Wissenschaft und die Natur in die Religion einzuführen. Von da aus die Kunst und das Leben neu zu befruchten.

Der Kräutersammler Felix Koguzki (1833—1909) mit Frau und Söhnen

Aber wie sollte er diese unerhörte und kühne Aufgabe in Angriff nehmen? Wie sollte er den großen Widersacher — im Zeitgeist des 19. Jahrhunderts — besiegen oder vielmehr zähmen und verwandeln? Wie sollte er den Drachen der modernen Naturwissenschaft zähmen und ihn vor das Gefährt der Geist-Erkenntnis spannen? Und vor allem, wie sollte er den Stier der öffentlichen Meinung besiegen? Auf die Fragen seines Schülers antwortete der ‹Meister› dem Sinne nach: Wenn Du den Feind besiegen willst, so beginne damit, daß Du ihn zuerst begreifst. Du wirst nur dann Sieger über den Drachen werden, wenn Du in seine Haut schlüpfst.»

Schuré durfte sich auf Grund der damaligen Gespräche in Barr die Meinung bilden, daß dieser zweite «Helfer» für Rudolf Steiner eine Persönlichkeit war, die man in der Sprache des Esoterischen im Orient wie im Okzident einen «Eingeweihten», einen Meister von jeher genannt hat.

Wir können nicht beurteilen, wie weit diese Darstellung Schurés in allem historisch zutrifft. Auf jeden Fall aber trifft es den Kern dessen, was sich in Rudolf Steiner während seiner Studienjahre von 1879 ab als Wille bildete. Er mußte sich sagen: willst du dein eigenes inneres Erleben der geistigen Welt in Einklang bringen mit dem in-

tellektuellen Bewußtsein deiner Umwelt, so daß eine wirksame Überwindung des immer stärker werdenden Materialismus als Weltanschauung und Lebensform möglich wird, so mußt du dir zuvor die intellektuelle Bewußtseinshaltung des Menschen des 19. Jahrhunderts aneignen. Du mußt in die Haut des Drachen schlüpfen. Nur wenn du die Methoden des naturwissenschaftlichen Denkens selbst beherrschst und den begrenzten Wahrheitsgehalt des naturwissenschaftlichen Weltbildes voll durchschaust, kannst du ein spirituelles Weltbild im Abendlande zur Wirksamkeit bringen. Ein weiter, mühsamer Weg lag vor dem Jüngling.

Karl Julius Schröer

Das Schicksal bot Steiner für die Schulung, der er nun bedurfte, eine außerordentliche Hilfe in der Begegnung mit seinem Lehrer, dem Germanisten Karl Julius Schröer. Dieser hielt an der Technischen Hochschule in Wien Vorlesungen über deutsche Literatur. Im Winter-Semester 1879/80 las er: «Deutsche Literatur seit Goethe» und über «Schillers Leben und Werke».

Schon von seiner ersten Vorlesung an war ich gefesselt ... Die Wärme seiner Behandlungsart, die begeisternde Art, wie er innerhalb der Vorlesungen aus den Dichtern vorlas, führten auf eine verinnerlichte Weise in die Dichtung ein.

Jetzt – mit neunzehn Jahren – kam Rudolf Steiner dazu, Goethes «Faust» zum erstenmal und mit starkem Interesse zu lesen. *Dazu kam, daß ich schon nach wenigen seiner Vorlesungsstunden mit Schröer näher bekannt wurde. Er nahm mich dann oft mit nach seinem Hause, sprach dies oder jenes zu mir in Ergänzung seiner Vorlesungen, antwortete gern auf meine Fragen und entließ mich mit einem Buche, aus seiner Bibliothek, das er mir zum Lesen lieh. Dabei fiel auch manches Wort über den zweiten Teil des «Faust», an dessen Herausgabe und Erläuterung er gerade arbeitete. Ich las auch diesen in jener Zeit.*

Ich danke es Gott und einem guten Geschicke, schreibt der Student Steiner am 13. Januar 1881 an einen Freund, *daß ich hier in Wien einen Mann kennenlernte ... den ich hochschätze und verehre als Lehrer, als Gelehrten, als Dichter, als Menschen. Es ist Karl Julius Schröer.* Schröers zentrales Bestreben war es, das in den gebildeten Kreisen eingewurzelte Fehlurteil, der zweite Teil des «Faust» sei eine schwache Leistung des alten Goethe, zu überwinden. Man darf wohl sagen, daß diese Bemühung bis zu einem gewissen Grade den erhoff-

Professor Karl Julius Schröer (1825–1900)

ten Erfolg hatte. Eine weitere Tat Schröers besteht in der Rettung der «Oberuferer Weihnachtsspiele», die er unter dem Titel «Deutsche Weihnachtsspiele aus Ungarn» veröffentlichte. Diese wurden von deutschen Bauern, die nach Ungarn in die Gegend von Preßburg ausgewandert waren, alljährlich gespielt. Rudolf Steiner erweckte dieselben später durch regelmäßige Aufführungen am Goetheanum wieder zu neuem Leben.

Aber das Ur-Thema seines Lebens war für Schröer doch Goethe. *Ich erwarmte geistig, wenn ich bei ihm war. Ich durfte stundenlang an seiner Seite sitzen ... Ich hatte wirklich immer, wenn ich so allein mit Schröer saß, das Gefühl, daß noch ein Dritter anwesend war: Goethes Geist. Denn Schröer lebte so stark in Goethes Wesen und Werken, daß er bei jeder Empfindung oder Idee, die in seiner Seele auftraten, sich gefühlsmäßig die Frage vorlegte: Würde Goethe so empfunden oder gedacht haben?*

Diese Hingabe an Goethes Geistesart übertrug sich von Schröer auf seinen Schüler. Doch die Art, wie für ihn Goethe zum Leitstern auf seinem weiteren Wege wurde, war eine andere.

Damals lebte in Wien die junge Schriftstellerin Marie Eugenie delle Grazie. Sie hatte schon als Mädchen von noch nicht sechzehn Jahren durch Gedichte, ein Epos «Herman», ein Drama «Saul» und eine Erzählung «Die Zigeunerin» von sich reden gemacht. Der Hervorragende Ästhetiker und Philosoph Robert Zimmermann soll von ihr gesagt haben: «Das einzig wirkliche Genie, das ich in meinem Leben kennengelernt habe.»

Kaum hatte Steiner Dichtungen von delle Grazie gelesen, schrieb er ein Feuilleton darüber. Das brachte ihm die Freude einer ersten Begegnung mit der Dichterin ein. Sie wohnte im Hause des katholischen Priesters und Professors für christliche Philosophie Laurenz Müllner (1848–1911), der im Jahre 1894 das Amt des Rektors der

Wiener Universität bekleidete. Als Lehrer und väterlicher Freund betreute er die alleinstehende junge Dichterin. Beide zusammen bildeten in Wien eines der wirksamsten geistigen Zentren. Allwöchentlich versammelte sich dort ein Kreis von führenden Persönlichkeiten, Künstlern und Wissenschaftlern. Die Atmosphäre dieser Zusammenkünfte machte auf den empfänglichen Steiner großen Eindruck. Sie zog ihn an und stieß ihn gleichzeitig immer wieder ab.

Es waren Persönlichkeiten vieler Geistesrichtungen, die sich da einfanden. Die Dichterin bildete den Mittelpunkt. Sie las aus ihren Dichtungen vor; sie sprach im Geiste ihrer Weltauffassung mit entschiedener Wortgebärde; sie beleuchtete mit den Ideen dieser Auffassung das Menschenleben. Es war keine Sonnenbeleuchtung. Eigentlich immer Mondendüsterkeit. Drohender Wolkenhimmel. Aber aus den Wohnungen der Menschen stiegen in die Düsternis Feuerflammen hinauf, wie die Leidenschaften und Illusionen tragend, in denen sich die Menschen verzehren. Alles aber auch menschlich ergreifend, stets fesselnd, das Bittere von dem edlen Zauber einer ganz durchgeistigten Persönlichkeit umflossen.

In den gleichen Jahren, in denen er durch den Protestanten K. J. Schröer in die Lebens- und Geisteswelt Goethes eingeführt wurde und dadurch den Ansatzpunkt für seinen eigenen «Goetheanismus» fand, begegnete ihm im Hause Müllner ein kultivierter Katholizismus, der sich mit innerer Konsequenz Goethe gegenüber abgeneigt verhielt. Im Müllner-Kreise bestand eine starke Zuneigung zu den Romanen Dostojevskijs und seinen genialen Darstellungen menschlichen Leidens. Auch Shakespeares Dramengestalten in ihren realistischen Verbrecher-Verkörperungen und ihren Verirrungen der schwachen Menschennatur fanden dort reges Interesse. Doch gegen Goethe standen delle Grazie und Müllner in gemeinsamer heftiger Ablehnung. *Bei delle Grazie war etwas wie eine tiefe persönliche Antipathie gegen Goethe vorhanden. – Delle Grazies Haus war eine Stätte, in der der Pessimismus mit unmittelbarer Lebenskraft sich offenbarte, eine Stätte des Anti-Goetheanismus.*

Es ist kennzeichnend für den Werdegang Rudolf Steiners, daß er sich willentlich dieser Gegensätzlichkeit der Geistes-Atmosphären von Schröer und des delle Grazie-Kreises aussetzte. Schröer selbst kam nur am ersten Abend. Er kam nicht wieder. Steiner blieb ständiger Gast, so lange er nur konnte.

Ihn störte die Ablehnung Goethes durch diesen Menschenkreis nicht. Gehörte es doch zu den Lebensmaximen, mit denen er gleichsam angetreten war, sich nie einer Sache oder einem Geist zu verschreiben, wenn er sich nicht auch mit dessen Antipoden vertraut gemacht hatte. So darf er später zurückblickend sagen: daß er dem Kreise um delle Grazie *Unsägliches verdanke.*

Wir begegnen hier einem Grundzug im Wesen Rudolf Steiners, durch den er oft verkannt wurde. Es ist das ungewöhnliche Interesse für das «ganz andere» in den Seelen seiner Mitmenschen. Für seine eigenen geistigen Grundprobleme fand Rudolf Steiner unter seinen

Marie Eugenie delle Grazie (1864—1931)

Lehrern und unter seinen Jugendfreunden nur wenig wirkliches Verständnis. Er selbst war für die ihren immer weit aufgeschlossen. Diese Situation führte wie von selbst zu einer Art Doppelleben in seiner Seele.

Das Ringen mit den Erkenntnisrätseln, das vor allem damals meine Seele erfüllte, fand bei meinen Freunden zwar stets ein starkes Interesse, aber wenig mittätigen Anteil. Ich blieb im Erleben dieser Rätsel ziemlich einsam. Dagegen lebte ich selbst alles voll mit, was im Dasein meiner Freunde auftauchte. So gingen zwei Lebensströmungen in mir nebeneinander: eine, die ich wie ein einsamer Wanderer verfolgte; und die andere, die ich in lebendiger Geselligkeit mit liebgewonnenen Menschen durchmachte.

Steiner litt an dieser Trennung von zwei Lebenskreisen, denen er sich beiden eng verbunden wußte. *Mein Gefühlsleben hatte dadurch, weil es an beiden Seiten mit ehrlicher Liebe und Verehrung beteiligt war, einen wirklichen Riß.*

Unter dem gleichen Gesetz müssen wir auch sein Verhältnis zu dem so hochverehrten Lehrer sehen. Schröer hatte ihm das Tor zu Goethe geöffnet. *Ich hörte geistig mit der allergrößten Sympathie alles, was von Schröer kam. Dennoch konnte ich nicht anders, als auch ihm gegenüber, das, wonach ich geistig intim strebte, in der eigenen Seele ganz unabhängig aufzubauen. Schröer war Idealist, und die Ideenwelt als solche war für ihn das, was in Natur- und Menschenschöpfung als treibende Kraft wirkte. Mir war die Idee der Schatten einer vollebendigen Geisteswelt.*

Mit diesen Worten deutet Rudolf Steiner in seinem *Lebensgang* auf jene Kluft, die bei aller menschlichen Nähe ihn doch von Schröer trennte.

Eine der profiliertesten Gestalten in dem geistreichen Kreise um delle Grazie-Müllner war der Heiligenkreuzer Zisterzienser Ordenspriester Wilhelm Neumann, der als Wissenschaftler und als Kirchenmann einen Namen hatte. Mit ihm liebte Steiner besonders auf dem Heimweg von den Abenden Gespräche zu führen.

Ich möchte nur zweier hier Erwähnung tun. Das Eine war über die Wesenheit Christi. Ich sprach meine Anschauung darüber aus, wie Jesus von Nazareth durch außerirdischen Einfluß den Christus in sich aufgenommen habe und wie Christus als eine geistige Wesenheit seit dem Mysterium von Golgatha mit der Menschheitsentwicklung lebt. Dies Gespräch blieb tief in meiner Seele eingeprägt; es tauchte immer wieder aus ihr auf. Denn es war für mich tief bedeutsam. Es unterredeten sich damals eigentlich drei. Professor Neumann und ich und ein dritter Unsichtbarer, die Personifikation der katholischen Dogmatik, die sich wie drohend, dem geistigen Auge sichtbar, hinter Professor Neumann, diesen begleitend, zeigte, und die stets ihm verweisend auf die Schulter klopfte, wenn die feinsinnige Logik des Gelehrten mir zu weit zustimmte. Es war bei diesem merkwürdig, wie der Vordersatz gar oft im Nachsatze in sein Gegenteil umschlug. Ich stand damals der katholischen Lebensart in einem ihrer besten Vertreter gegenüber; ich habe sie achten, aber auch wirklich gründlich gerade durch ihn kennengelernt.

Ein andres Mal sprachen wir über die wiederholten Erdenleben. Da hörte mich der Professor an, sprach von allerlei Literatur, in der man darüber etwas finden könne; er schüttelte oft leise den Kopf, hatte aber wohl gar nicht die Absicht, auf das Inhaltliche des ihm absonderlich scheinenden Themas einzugehen. Und dennoch ist mir auch dieses Gespräch wichtig geworden. Die Unbehaglichkeit Neumanns, mit der er seine nicht ausgesprochenen Urteile gegenüber meinen Aussagen empfunden hat, ist mir tief in das Gedächtnis eingeschrieben geblieben.

Nicht zufällig erinnert

Wilhelm Neumann (1837–1919)

Das Kaffeehaus S. Griensteidl in Wien (am Michaelerplatz, Ecke Herrengasse)

sich Steiner etwa vierzig Jahre später so genau an diese beiden Gespräche mit Wilhelm Neumann. Handelte es sich doch bei diesen Gesprächsthemen um die beiden Kardinalpunkte der später von Steiner gelehrten *Anthroposophie*: um die Christologie und um die Reinkarnation.

In beiden Themen sah sich der fünfundzwanzigjährige Steiner durch Neumann gleichzeitig konfrontiert mit den Lehren der Kirche, welcher er selbst entstammte, und spürte das «Unbehagen», das seine Ideen bei Repräsentanten der römischen Theologie hervorrief. Darum mußte er diese Gespräche als ein Präludium zu vielem, dem

er in späteren Jahren sich gegenübergestellt sah, erleben.

Die Kaffeehäuser Wiens der damaligen Zeit haben Weltruf erlangt. In ihnen trug sich ein Großteil des geistigen Lebens der kaiserlich-königlichen Donaumonarchie Österreichs zu. Es wurden politische Entscheidungen getroffen, Gedichte und Romane geschrieben und, was das Wichtigste war, «man traf sich» zwanglos, wie zufällig, und wußte doch, wo, wann und wen man dort finden konnte.

Ich muß oft zurückdenken an die zum Teil endlosen Gespräche, die damals in einem bekannten Kaffeehaus am Michaelerplatz in Wien geführt wurden.

Es ist das Griensteidl-Kaffee, das Steiner hier erwähnt. In ihm hatte er zeitweise seine Postadresse, denn wenn auch alles andere fraglich werden konnte, das Erscheinen im «Griensteidl» war unumstößlich.

Viele von denen, mit denen Steiner in Wien verkehrte und deren Namen damals auch über Wien hinaus Klang hatten, sind heute vergessen. Kaum, daß man sich noch des Dichters Fercher von Steinwand und des Komponisten Stroß erinnert.

Eine weitere Persönlichkeit, die in Wien auf Rudolf Steiner stärkeren Einfluß nahm, war Rosa Mayreder. Er lernte sie im Hause der Theosophin Marie Lang kennen. In ihr trat ihm eine gänzlich andersgeartetete, aber nicht minder bedeutende Frauenseele entgegen, als es Eugenie delle Grazie war, mit der ihn bald eine tiefe Freundschaft verband.

Rosa Mayreder gehört zu denjenigen Persönlichkeiten, zu denen ich in meinem Leben die größte Verehrung gefaßt und an deren Entwicklungsgang ich den größten Anteil genommen habe ... Diese Frau

Rosa Mayreder (1858—1938)

machte auf mich den Eindruck, als habe sie jede der einzelnen menschlichen Seelengaben in einem solchen Maße, daß diese in ihrem harmonischen Zusammenwirken den rechten Ausdruck des Menschlichen formten. Rosa Mayreder war Malerin, Schriftstellerin und Dichterin zugleich. Bekannt wurde sie seinerzeit durch das zweibändige Werk: «Kritik der Weiblichkeit». Zu Hugo Wolfs Oper «Corregidor» schrieb sie den Text. Mit Marie Lang gab sie später gemeinsam die Frauenzeitschrift «Dokumente der Frauen» heraus. Sie war eine sympathische Vorkämpferin jenes «Frauenbefreiungskampfes», von dem man heute kaum noch spricht und der doch den Weg für die Gleichberechtigung der Geschlechter entscheidend gebahnt hat.

Im Gegensatz zu der pessimistischen Grundstimmung der delle Grazie war Rosa Mayreder eine Frau von starker, positiver Schaffenskraft nach außen — obwohl dem Typ nach alles andere als eine «Frauenrechtlerin». Sie war «zeitgemäß» und ergriff mit Sicherheit die ihr zufallende Aufgabe. In ihrem Freiheitsstreben traf sie in Rudolf Steiner eine verwandte Seele.

In diesen Jahren arbeitete Rudolf Steiner vorbereitend an der gedanklichen Formung seiner eigenen Erkenntnislehre, die in dem Buche *Philosophie der Freiheit* später ihren Niederschlag gefunden hat. *Rosa Mayreder ist die Persönlichkeit, mit der ich über diese Formen am meisten in der Zeit des Entstehens meines Buches gesprochen habe. Sie hat einen Teil der innerlichen Einsamkeit, in der ich gelebt habe, von mir hinweggenommen ... Und oft hat im weiteren Leben in dankbarster Erinnerung vor meinem Geiste das eine oder das andere Bild der Erlebnisse gestanden von der Art wie ein Gang durch die herrlichen Alpenwälder, auf dem Rosa Mayreder und ich über den wahren Sinn der menschlichen Freiheit sprachen.*

Diese Freundschaft hat auch weit über die Wiener Zeit hinaus Bestand gehabt. Manche Briefe sind erhalten, welche dies beurkunden. Ein Jahr, nachdem Rudolf Steiner nach Weimar übersiedelte, schreibt ihm Rosa Mayreder: «Denn die Lücke, welche Ihr Scheiden in meinem Leben hinterlassen hat, wird mir täglich, stündlich fühlbar, bei allen den zahllosen Punkten des Nachdenkens, wo Unsicherheit, Zweifel, Verwirrung, Unruhe den Wunsch nach dem unersetzlichen Glück der freundschaftlichen Mitteilung erwecken, das Sie mir geboten haben. Je länger Sie ferne sind, mein teurer Freund, desto undenkbarer wird es mir, daß Sie ferne bleiben sollen.» (Wien, 26. Oktober 1890)

Als Hauslehrer

Früh ist im Leben Steiners veranlagt, was im letzten Jahre seines Lebens Frucht tragen sollte: die Heilpädagogik. Auf Empfehlung von Professor Karl Julius Schröer kam er als Hauslehrer 1884 in die Familie von Ladislaus und Pauline Specht und blieb dort bis zu seinem Fortgang von Wien 1890.

Auf pädagogischem Gebiete brachte mir das Schicksal eine besondere Aufgabe. Ich wurde als Erzieher in eine Familie empfohlen, in der vier Knaben waren. Dreien hatte ich nur erst den vorbereitenden Volksschul- und dann den Nachhilfeunterricht für die Mittelschule zu geben. Der vierte, der ungefähr zehn Jahre alt war, wurde mir zunächst zur vollständigen Erziehung übergeben. Er war das Sorgenkind der Eltern, besonders der Mutter. Er hatte, als ich ins Haus kam, sich kaum die allerersten Elemente des Lesens, Schreibens und Rechnens erworben. Er galt als abnormal in seiner körperlichen und seelischen Entwicklung in einem so hohen Grade, daß man in der Familie an seiner Bildungsfähigkeit zweifelte. Sein Denken war langsam und träge. Selbst geringe geistige Anstrengung bewirkte Kopfschmerz, Herabstimmung der Lebenstätigkeit, Blaßwerden, besorgniserregendes seelisches Verhalten ...

Ich hatte die Befriedigung, daß der Knabe im Verlaufe von zwei Jahren den Volksschulunterricht nachgeholt hatte und die Reifeprüfung in das Gymnasium bestehen konnte. Auch seine Gesundheitsverhältnisse hatten sich wesentlich gebessert. Die vorhandene

Student Rudolf Steiner. Wien, um 1882

Hydrocephalie war in starker Rückbildung begriffen. Ich konnte den Eltern den Vorschlag machen, den Knaben in die öffentliche Schule zu schicken ...

Ich muß dem Schicksal dafür dankbar sein, daß es mich in ein solches Lebensverhältnis gebracht hat. Denn ich erwarb mir dadurch auf lebendige Art eine Erkenntnis der Menschenwesenheit, von der ich glaube, daß sie so lebendig auf einem andern Wege von mir nicht hätte erworben werden können ...

Mein Pflegling konnte durch das Gymnasium durchgeführt werden; ich blieb an seiner Seite bis zur Unterprima. Da war er so weit, daß er meiner nicht mehr bedurfte. Er ging nach absolviertem Gym-

nasium an die medizinische Fakultät, wurde Arzt und ist als solcher ein Opfer des Weltkrieges geworden ...

Ein gut Teil meines Jugendlebens ist mit der Aufgabe verknüpft, die mir so erwachsen war.

Mit großer Dankbarkeit blickt Rudolf Steiner später auf das Leben in der Familie Specht sowie auf die ihm gestellte Aufgabe, für den Knaben – sein Name war Otto Specht – und seine Gesundung zu wirken, zurück. Hatte ihm doch ein gutes Schicksal früh dazu verholfen, sich den Problemen von Gesundheit und Krankheit im Konkreten widmen zu müssen. Ohne diese Lehrzeit von gut sechs Jahren würde er später wohl kaum die Möglichkeit gehabt haben, als Inaugurator einer heilpädagogischen Bewegung wirken zu können.

DER «GOETHEANIST» RUDOLF STEINER

Durch Karl Julius Schröer wurde Rudolf Steiner an Joseph Kürschner empfohlen, der damals im Bunde mit einem Stabe von Gelehrten Goethes Werke in der «Deutschen Nationalliteratur» herausgab. Steiner sollte die naturwissenschaftlichen Werke Goethes herausgeben. Mit seinen einundzwanzig Jahren war er mit Abstand der Jüngste im Kreise der Kommentatoren. Bereits 1884 erschien der erste Band. Schröer schrieb das Vorwort. Wenn man heute diese erste größere Arbeit Steiners zur Hand nimmt, drängt sich geradezu das Wort «Jugendgenialität» auf. Es ist schier unverständlich, wie ein so blutjunger Mensch, dem der Bildungsgang an der Technischen Hochschule die ersten Grundlagen der modernen Naturwissenschaft vermitteln konnte, hier sich der ihm gestellten Aufgabe gewachsen zeigt. Ein besserer, d. h. verständnisvollerer Kommentar für die botanischen und zoologischen Schriften Goethes ist bis heute nicht geschrieben. Dabei ist es belanglos, auf Unrichtigkeiten in Nebensachen hinzuweisen, die Steiner unterlaufen sein mögen. Der Zugriff des Ganzen packt die einzigartige Situation, in der sich Goethe um ein neues und anderes Verständnis der Wissenschaften vom Organischen Jahrzehnte hindurch bemüht hatte. Wie hatte Goethe darunter gelitten, in diesem für ihn selbst so ernst genommenen Anliegen nicht aufgenommen zu werden! «Es ist die größte Qual nicht verstanden zu werden ...» (*Schicksal der Druckschrift*)

Joseph Kürschner (1855–1902)

Goethe hat seine «Metamorphose der Pflanze», die man getrost mit ihren Einleitungen als Programmschrift einer neuen Organik bezeichnen kann, erscheinen lassen, ohne ihren besonderen Ort in der Geschichte der Naturwissenschaft ausführlich zu bestimmen. Das lag seinem Wesen nicht. Das Prinzipielle bemerkte er mehr am Rande. So in der Einleitung: «Was Chemie und Anatomie zur Ein- und Übersicht der Natur beigetragen haben, dürfen wir nur mit wenig Worten den Freunden des Wissens ins Gedächtnis zurückrufen.

Aber diese trennenden Bemühungen, immer und immer fortgesetzt, bringen auch manchen Nachteil hervor. Das Lebendige ist zwar in Elemente zerlegt, aber man kann es aus diesen nicht wieder zusammenstellen und beleben.» Goethe glaubt, um eine andere als die «zerstückelnde Methode» zu wissen. Er hat versucht, diese neue, den organischen Wesen gemäße Methode in den Anfängen selbst darzustellen.

Diesen «vergessenen Goethe» entdeckte der junge Rudolf Steiner für seine Zeit neu: *Goethe ist der Kopernikus und Kepler der organischen Welt.*

Friedrich Theodor Vischer (1807—1887)

So stand's in Rudolf Steiners Einleitung zu lesen, und fast anderthalb Jahrzehnte seines Lebens hat er darauf verwandt, den Wahrheitsbeweis für diese vom 19. Jahrhundert nicht aufgenommene These zu erbringen. Ehe die weiteren Bände in Kürschners «Deutscher Nationalliteratur» erschienen (1887, 1890 u. f.), veröffentlichte Steiner seine eigenen Gedanken über die neue Organik in seinem Buche: *Grundlinien einer Erkenntnistheorie der Goetheschen Weltanschauung — mit besonderer Rücksicht auf Schiller* (1886).

In diesem Erstlingswerk holt er nach, was Goethe stets vermieden hat: über sein eigenes Denken zu denken. Das aber mußte geleistet werden, um die «Wissenschaftlichkeit» der naturforschenden Methode Goethes zu erweisen.

Von Brunn am Gebirge, wohin seine Eltern durch die weitere Berufsausübung seines Vaters versetzt waren, schickte er unter Bezugnahme auf einen vier Jahre zurückliegenden Briefwechsel an den damals sehr bekannten Ästhetiker und Schriftsteller Friedrich Theodor Vischer (1807—1887) ein Exemplar dieses Werkes, begleitet von einem aufschlußreichen Brief: *Wenn sich dieselbe* — seine eigene Erkenntnistheorie — *auch an Goethe anschließt, so gestehe ich doch ganz offen, daß ich in erster Linie einen Beitrag zur Erkenntnistheo-*

rie und keineswegs einen solchen zur Goetheforschung habe geben wollen. Von Goethes Weltanschauung waren für mich nicht dessen positive Aufstellungen maßgebend, sondern die Tendenz seiner Weltbetrachtungsweise. Goethes und Schillers wissenschaftliche Darlegungen sind für mich eine Mitte, zu der Anfang und Ende zu suchen ist. Der Anfang: durch Darstellung der prinzipiellen Grundlage, von der wir uns diese Weltansicht getragen denken müssen; das Ende: durch Auseinandersetzung der Konsequenzen, die diese Betrachtungsweise für unsere Anschauung über Welt und Leben hat. F. Th. Vischer hat diesen Brief jedenfalls so ernst genommen, daß er sich nach seinem Tode bei seinem Nachlaß wieder vorfand. Seine Antwort ist leider nicht erhalten. Das Werk selbst bringt eine klare Ausführung dieser, Vischer gegenüber geäußerten Grundhaltung.

So wenig die alten vitalistischen und teleologischen Theorien aus dem 18. und der ersten Hälfte des 19. Jahrhunderts in der Lage waren, infolge ihres rein spekulativen Charakters eine fruchtbare Botanik zu entwickeln, so wenig taugen dazu die später entwickelten physikalisch-mechanistischen Methoden.

Man glaubt, man müsse in einer bestimmten Weise über die Objekte denken, und zwar über a l l e — über das ganze Universum — in gleicher Weise.

Die Methode der Physik ist einfach ein b e s o n d e r e r F a l l einer allgemeinen wissenschaftlichen Forschungsweise, wobei auf die Natur der in Betracht kommenden Gegenstände, auf das Gebiet, dem diese Wissenschaft dient, Rücksicht genommen ist. Wird diese Methode auf das Organische ausgedehnt, dann löscht man die spezifische Natur des letzteren aus. Statt das Organische seiner Natur gemäß zu erforschen, drängt man ihm eine fremde Gesetzmäßigkeit auf. So aber, indem man das Organische leugnet, wird man es nie erkennen. Ein solches wissenschaftliches Gebaren wiederholt einfach das, was es auf einer niederen Stufe gewonnen, auf einer höheren ...

Soweit sich die anorganischen Prozesse in die Organismen hinein fortsetzen, hat die physikalisch-chemische Methode auch in der Biologie ihre Berechtigung. Nur, wenn es um das geht, was eine Pflanze zur spezifischen Pflanze, ein Tier zum spezifischen Tier macht, muß die mechanistische Methode versagen. Eine Rose, eine Kornähre, ein Reh, ein Löwe ist nicht, weder heute noch in Zukunft, aus dem periodischen System der Chemie ableitbar. Die eigentlichen Objekte der Biologie liegen auf einem Felde, wo die Anwendung des Begriffes «chemisches Element» sinnlos wird. Die von Goethe in mühsamer Kleinarbeit anschaulich herausgearbeiteten Bildbegriffe wie Urpflanze, Typus, Polarität und Steigerung führen weiter, wenn sie mit derselben Sorgfältigkeit, wie sie dem «exakten» Physiker und Chemiker eigen ist, vom Biologen gebraucht werden.

Steiner wollte nicht «zurück» zu Goethe. Er wollte auch nicht zurück zu den Goetheanisten. Bei aller Anerkennung der Leistungen eines Carus, Oken, Batsch, Alexander Braun und vieler anderer — sie haben den «Siegeszug» der Mechanisten und Materialisten in

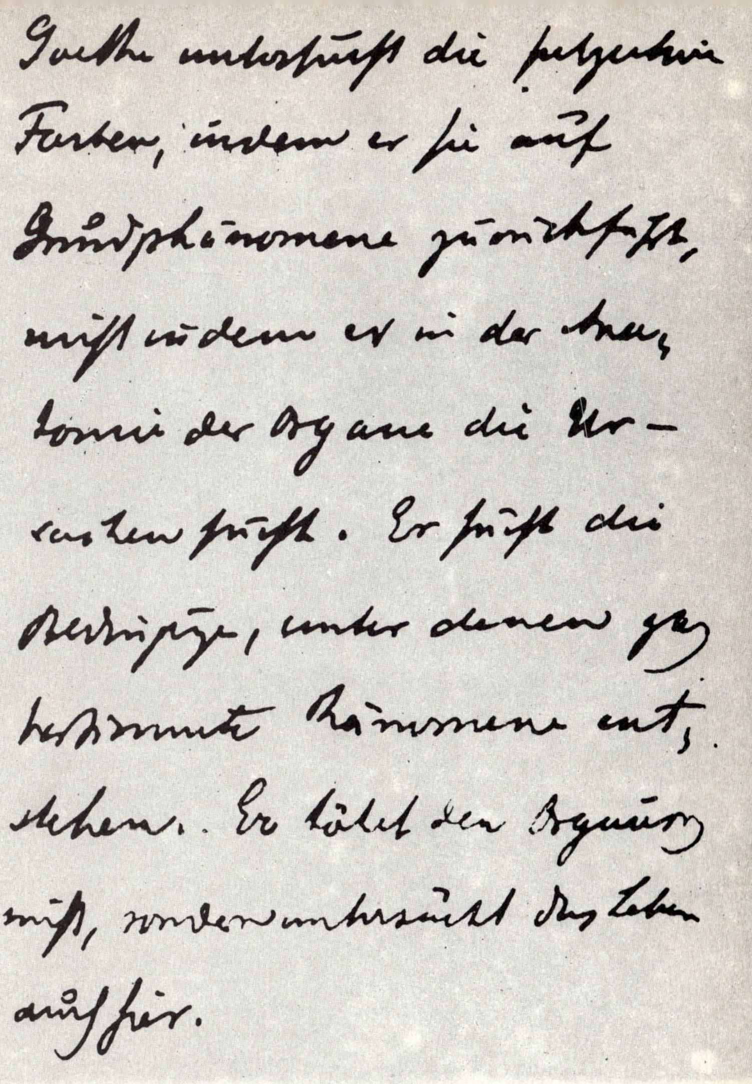
Goethe untersucht die subjektiven
Farben, indem er sie auf
Grundphänomene zurückführt,
nicht indem er in der Ana-
tomie der Organe die Ur-
sachen sucht. Er sucht die
Bedingungen, unter denen ganz
bestimmte Phänomene ent-
stehen. Er tötet den Organis-
mus nicht, sondern untersucht das Leben
auch hier.

Aus einem Notizbuch Rudolf Steiners, um 1890: «Goethe untersucht die subjektiven Farben, indem er sie auf Grundphänomene zurückführt, nicht indem er in der Anatomie der Organe die Ursachen sucht. Er sucht die Bedingungen, unter denen ganz bestimmte Phänomene entstehen. Er tötet den Organismus nicht, sondern untersucht das Leben auch hier.»

Naturwissenschaftliche Abtheilung.

Den Stoff der naturwissenschaftlichen Abtheilung ...
ich nach Prüfung des vorhandenen Handschriftenmat...
habe, – im Einklange mit Goethes letztwilligen Anord...
Weise anzuordnen:

Morphologisches.

1. Alles auf Botanik bezügliche

Bildung und Umbildung org. Naturen, Metamorphose, Geschichte des bot.
über Vorarbeiten und Nacharbeiten, Recensionen. Zur Pflanzen...

2. Alles auf Zoologie und Anatomie bezügliche

(Zwischenknochen, Schädellehre, Physiologisches, Paralipomena)

... Mineralogie, Geologie, Meteorologie. } 1, Ban...
(Geol. Aufs. u. ... Geolog. Schemata)

III { Zur Naturwissenschaft im Allgemeinen
Naturwissenschaftliche Einzelheiten
(Alles, was von Goethe über allg. Naturanschauungen, ~~auf~~ ...
Methode, Stellung der Wissenschaften u. s. w.

Weimar, d. 2 August 1887 Rud.

Suphan

der zweiten Hälfte des 19. und der ersten des 20. Jahrhunderts nicht aufhalten können. Auch die mehr oder weniger ohnmächtigen Versuche der «Ganzheit»-Theoretiker wie Driesch und Holisten wie Smut vermochten dem Triumph der «Mechanisten» nichts Entscheidendes entgegenzustellen. Ihnen allen fehlte die erkenntnistheoretische Begründung, durch die sie sich gleichberechtigt neben den Physikern und Chemikern auf dem Felde der Biologie, Psychologie, Pneumatologie betätigen konnten. Eine solche philosophische Begründung einer den Materialismus überwindenden Wissenschaft vom Organischen zu geben, ist das Bemühen Rudolf Steiners in den Jahren von 1882—1896 gewesen.

Weimar

Von Karl Julius Schröer wurde die Leitung des Goethe-und-Schiller-Archivs in Weimar auf den jungen Goethe-Forscher Steiner aufmerksam gemacht. Er wird nach Weimar eingeladen. Im August 1889 kommt er zu einem ersten Besuch dorthin. Bernhard Suphan, der Direktor des Archivs, verabredet mit ihm die näheren Umstände einer zukünftigen Mitarbeit am Archiv. Die Herausgabe der naturwissenschaftlichen Schriften im Zusammenhang der großen «Sophien-Ausgabe» wird Steiner zugeteilt.

Steiner ist in freudiger Erregung. Am 9. August schreibt er an Richard Specht: *Es ist ein ganz eigenes Gefühl, den Boden unter den Füßen zu haben, der die größten deutschen Meister getragen hat. Ich meine da zunächst gar nicht Weimar allein. Denn ich muß Ihnen sagen, ich habe im Leben wenige*

Arbeitsplanung zwischen Suphan und Rudolf Steiner

Das Goethe-und-Schiller-Archiv in Weimar

Augenblicke gehabt wie gestern, als ich in das Luther-Zimmer in der Wartburg eintrat ... Es wird wohl wenige Punkte in Deutschland geben, die auf uns so wirken wie die Wartburg, die so viel historische Erinnerung in sich schließt. Leider kann ich das alles nur so im Fluge sehen, denn ich habe sehr viel im Archiv zu tun. Ich habe hier viel, sehr viel gelernt. Ich trenne mich jetzt auch nur sehr schwer von diesen Schätzen ... Ich wohne hier unmittelbar hinter dem Goethehaus und gehe morgens, wenn ich ins Archiv gehe, an dem Hause der Frau von Stein vorbei. Das alles sind mir liebe Verhältnisse.

Als ich zum ersten Male vor dem herrlichen Doppelstandbild stand, da ward mir's, als ob plötzlich alles, was ich über Schiller und Goethe gesonnen und gedacht, neues Leben bekäme, als ob ein ganz eigenartiger belebender Hauch über alles wehe. –

Auf dem Rückwege nach Wien macht Steiner den Umweg über Berlin und besucht dort Eduard von Hartmann. Es kommt zu einem lebhaften Gespräch der beiden. Ein Jahr später, im Herbst 1890, gelingt ihm die endgültige Loslösung aus Wien und die Übersiedlung nach Weimar.

Steiners Arbeitsbeginn in Weimar am Goethe-und-Schiller-Archiv, das unter dem Protektorat der Großherzogin Sophie stand, wird im 12. Band des Goethe-Jahrbuches mitgeteilt: «Den ständigen Arbeitern hat sich seit dem Herbst 1890 Rudolf Steiner aus Wien zugesellt. Ihm ist (mit Ausnahme der osteologischen Partie) das ge-

Bernhard Suphan, Direktor am Goethe-und-Schiller-Archiv, in seinem Arbeitsraum, 1909

Rudolf Steiner in Weimar, 1889

samte Gebiet der Morphologie zugeteilt, fünf oder voraussichtlich sechs Bände der zweiten Abteilung, denen aus dem handschriftlichen Nachlaß ein hoch wichtiges Material zufließt.»

Rudolf Steiner erledigt die gestellte Aufgabe gewissenhaft — doch niemals nur philologisch rückwärtsgewandt. Als die bedeutendste Kapazität auf dem Felde der naturwissenschaftlichen Schriften Goethes findet er allseitige Anerkennung. Seine philologische Exaktheit wird gelegentlich in Zweifel gezogen. Unumwunden gibt er zu: *Auf eine eigentliche philologische Tätigkeit ist aber der Betreffende* — er spricht von sich selber — *nie besonders stolz gewesen, er könnte selbst viele Fehler in dieser Beziehung nachweisen und will manches, was ihm als Schnitzer passiert ist, nicht beschönigen.*

In Wien war Rudolf Steiner «zu Hause». Er war nicht nur der Geburt nach Österreicher. Die für den Wiener vor allem typische schlichte Herzlichkeit und Konzilianz waren ihm zu eigen. Auch die Tönung seiner Sprache blieb zeit seines Lebens eine Mitgabe seiner österreichischen Heimat. In Weimar war und blieb er «Gast». Ein Gast, der zunächst mit höchsten Erwartungen kam, mit größtem Respekt vor dem deutschen Athen, das einst — wenn auch nur kurze Zeit — Mittelpunkt der geistigen Weltgeschichte war. Doch bald stellte sich bei Rudolf Steiner eine tiefe Enttäuschung ein. Nicht so sehr in bezug auf das, was er im geselligen Leben Weimars vorfand Gewiß, gerade in dieser Beziehung war er in Wien verwöhnt. Doch auch in Weimar hatten sich Kreise von Schriftstellern, Gelehrten, Künstlern gefunden, in denen Rudolf Steiner, der sich selbst als *geselligen Menschen* bezeichnet, sich wohlfühlte und aufgenommen sah. Aber die Art und Weise der pedantischen Philologie, welche im Goethe-und-Schiller-Archiv, der eigentlichen Berufsstätte Rudolf Steiners in Weimar, getrieben wurde, ließ ihn gefrieren und vereinsamen. So schreibt er am 20. Oktober 1890 an Rosa Mayreder: *Hier stehe ich allein. Niemand ist hier, der auch nur im entferntesten ein Verständnis für das hätte, was mich bewegt und was meinen Geist trägt.* Und im gleichen Sinn schreibt er an einen seiner Wiener Freunde (Friedrich Eckstein) November 1890: *Wie allein und unverstanden ich mich hier fühle, davon können Sie sich schwerlich einen Begriff machen.* Mit größten Hoffnungen war er nach Weimar wie zu einem heiligen Lande gepilgert. Nun klagt er: *Hier in Weimar, der Stadt der klassischen Mumien, stehe ich dem Leben und Treiben fremd und kühl gegenüber.* (Mai 1891)

Die Universität von Rostock

Diese geistige Einsamkeit währte mehr oder weniger durch alle Jahre in Weimar, trotz der vielfältigen Begegnungen mit bedeutenden und in ihrer Zeit hervorragenden Menschen wie Treitschke, Herman Grimm, Ernst Haeckel, Gabriele Reuter, Fritz Koegel und vielen anderen.

Fast sieben Jahre hält er in dieser Verbannung aus. Er hält nicht nur aus! In diesem Lebensabschnitt vollendet er neben der Arbeit an der «Sophien-Ausgabe» die philosophische Grundlegung seiner von ihm *Anthroposophie* genannten Geisteswissenschaft.

Zunächst holt er von Weimar aus in Rostock seine längst fällige Promotion als Doktor der Philosophie nach. Der dortige Philosoph Heinrich von Stein hatte Rudolf Steiners Interesse durch sein Werk: «Sieben Bücher Platonismus» geweckt. *Diese Tatsache führte dazu, daß ich bei dem lieben alten Philosophen, den mir sein Buch sehr*

Eduard von Hartmann (1842—1906)

wert machte, und den ich nur bei dem Examen gesehen habe, meine Abhandlung einreichte. In dieser einen Begegnung erhielt Steiner einen Wesenseindruck von Heinrich von Stein: *Eine in ihrer ganzen Haltung ruhige Persönlichkeit, im höhern Alter mit mildem Auge, das wie geeignet erschien, sanft, aber doch eindringlich auf den Entwicklungsgang von Schülern hinzuschauen; eine Sprache, die in jedem Satze die Überlegung des Philosophen im Ton der Worte an sich trug ... Er sagte mir: «Ihre Dissertation ist nicht so, wie man sie fordert, man sieht ihr an, daß Sie sie nicht unter der Anleitung eines Professors gemacht haben; aber was sie enthält, macht möglich, daß ich sie gerne annehme.»*

Heinrich von Stein (1833 bis 1896), Rudolf Steiners «Doktor-Vater» in Rostock

Der Titel der Dissertationsschrift lautet: *Die Grundfrage der Erkenntnistheorie mit besonderer Rücksicht auf Fichtes Wissenschaftslehre. Prolegomena zur Verständigung des philosophischen Bewußtseins mit sich selbst* (1891).

Eindeutiger konnte das Grundproblem Rudolf Steiners nicht formuliert werden: Prolegomena zur Verständigung des philosophischen Bewußtseins mit sich selbst. Das gerade hatte Goethe nie angestrebt. Dessen Naturanschauung erwuchs ihm wie mit Selbstverständlichkeit aus der Natur seines eigenen Wesens. Man möchte das paradoxe Wort «Geist-Instinkt» für die Verhaltensweise Goethes brauchen. Darum war, bei allem Zukunftsträchtigen, das Goethes Werk birgt, Goethe dennoch für Steiner ein Ende, dem er selbst einen neuen Anfang, durch das *Denken über das Denken*, durch die *Verständigung des geistigen Bewußtseins mit sich selbst* geben wollte und auch gegeben hat. Der wesentliche Inhalt seiner Dissertation erschien ein Jahr darauf als: *Wahrheit und Wissenschaft. Vorspiel einer «Philosophie der Freiheit». Dr. Eduard von Hartmann in warmer Verehrung zugeeignet 1892.*

Gabriele Reuter (1859–1941)

Gabriele Reuter

In Weimar lernte Rudolf Steiner im Hause des Schriftstellers Olden, in dessen geselligem Kreis er viel verkehrte, Gabriele Reuter kennen. Sie schrieb damals an ihrem Roman «Aus guter Familie», durch den sie sich in weiten Kreisen bekannt machte. *Die Bewunderung, die Gabriele Reuter im Oldenschen Kreise fand, hatte etwas unsäglich Schönes.* Und Rudolf Steiner teilte diese Bewunderung der bedeutenden Frau aus ganzem Herzen. *Zu den schönsten Stunden meines Lebens muß ich zählen, was ich durch Gabriele Reuter erlebte ... Eine Persönlichkeit, die in sich tiefe Menschheitsprobleme trug und diese mit einem gewissen Radikalismus des Herzens und der*

Empfindung anfaßte. Sie stand mit voller Seele in all dem, was ihr im sozialen Leben als Widerspruch erschien zwischen traditionellem Vorurteil und den ursprünglichen Forderungen der Menschennatur. Im Rückblick auf die Emanzipations-Kämpfe um die menschenwürdige Stellung der Frau im sozialen Leben, die in den beiden letzten Jahrzehnten des vorigen Jahrhunderts mit so hohem seelischen Einsatz geführt wurden, darf man heute Gabriele Reuter als eine der edelsten Vertreterinnen dieses Befreiungskampfes ansprechen. Sie ist heute fast vergessen. Für seinen Teil entreißt Steiner sie in seinem *Lebensgang* dieser Vergessenheit mit Worten des Dankes: *Unermeßlich reizvoll konnten die Gespräche sein, die man mit ihr ... führen durfte. Icn denke zurück und sehe mich mit ihr an ei-*

Anna Steiner, geb. Schultz, verw. Eunike (1853—1911)

ner Straßenecke stehen, bei glühendster Sonnenhitze diskutierend, mehr als eine Stunde über Fragen, die sie bewegten. Gabriele Reuter konnte in würdigster Art, keinen Augenblick die ruhige Haltung verlierend, über Dinge sprechen, bei denen andere sogleich in sichtbare Aufregung geraten ... Gabriele Reuter betonte scharf, was sie zu sagen hatte; aber sie tat es nie lautlich, sondern allein seelisch. Ich glaube, daß ihr diese Kunst, bei lautlich gleichmäßigem Hinfließen der Rede die Artikulation ganz im Seelischen zu halten, als Stil besonders eigen ist. Und mir scheint, daß sie im Schreiben diese Eigenart zu ihrem so reizvollen Stil umfassend ausgebildet hat.

Anna Eunike

Die Leiden eines zimmersuchenden «Untermieters», die ihm zunächst in Weimar beschieden waren, fanden ein Ende, als Steiner Aufnahme in einer Familie fand, die ihn in allen Lebensbedürfnissen umhegte und umsorgte. Der Kapitän im Ruhestande Eugen Friedrich Eunike war 1882 gestorben. Er hinterließ Anna Eunike, geb. Schultz mit fünf Kindern, vier Mädchen und einem Jungen. In dieser Familie wurde Rudolf Steiner heimisch und lebte dort den größten Teil der Weimarer Zeit. *Ich hatte einen Teil der Wohnung für mich; Frau Anna Eunike, mit der ich bald innig befreundet wurde, besorgte für mich in aufopferndster Weise, was zu besorgen war. Sie legte einen großen Wert darauf, daß ich ihr in ihren schweren Aufgaben bei der Erziehung der Kinder zur Seite stand ... Die Kinder sah ich nur, wenn eine Gelegenheit dazu herbeigeführt wurde. Das geschah oft, denn ich wurde ja ganz als zur Familie gehörig betrachtet. Die Mahlzeiten, mit Ausnahme der am Morgen und der am Abend, nahm ich aber auswärts ein. Da, wo ich solch schönen Familienanschluß gefunden hatte, fühlte ich mich wahrlich nicht allein nur wohl. Wenn die jüngeren Besucher der Goethegesellschaftsversammlungen aus Berlin, die sich enger an mich angeschlossen hatten, einmal ganz gemütlich «unter sich» sein wollten, da kamen sie zu mir in das Eunikesche Haus. Und ich habe allen Grund, anzunehmen, daß sie sich da recht wohl fühlten.*

Zu den Besuchern dieser geselligen Abende gehörte auch Otto Erich Hartleben, mit dem das weitere Schicksal Rudolf Steiner auch in der ersten Berliner Zeit eng verknüpfen sollte.

Haeckel und Nietzsche

Zu der Zeit, als Steiner nach Weimar kam, ging der Kampf um den Darwinismus, den Ernst Haeckel als Wortführer des materialistischen Monismus von Jena aus führte, seinem Höhepunkt entgegen. Gleichzeitig lag der kranke Friedrich Nietzsche seit einem Jahr für fast alle Besucher unerreichbar und von aller Welt getrennt in

Naumburg. Mit beiden, mit Ernst Haeckel und Friedrich Nietzsche, sollte Rudolf Steiner im Laufe seiner Weimarer Zeit und darüber hinaus in Schicksalsbeziehungen eigenster Art treten.

So verschieden Haeckel und Nietzsche als Individualitäten waren, so verschieden verliefen auch die Begegnungen für Rudolf Steiner mit beiden.

Friedrich Nietzsche (1844–1900)

1889 hat er in Wien erstmalig Schriften Nietzsches gelesen. Das «Phänomen Nietzsche» zog ihn an. Er sah in ihm eine höchst bedeutsame Erscheinung des geistigen Lebens, die er ernst nehmen mußte. Es lag nicht in Steiners Natur, «Anhänger» Haeckels oder Nietzsches zu werden. Aber in der Bekämpfung, die vor allem von kirchlicher Seite gegen beide erfolgte, finden wir ihn immer auf seiten der Angegriffenen.

1895 greift Steiner in diesen Kampf um Nietzsche ein. Es erscheint sein Buch: *Friedrich Nietzsche, ein Kämpfer gegen seine Zeit.*

Kurz bevor ich an die Niederschrift dieses Buches ging, erschien eines Tages Nietzsches Schwester, Elisabeth Förster-Nietzsche im Goethe-und-Schiller-Archiv. Sie machte eben die ersten Schritte zur Gründung eines Nietzsche-Archives und wollte erfahren, wie das Goethe-und-Schiller-Archiv eingerichtet war. Bald darauf erschien auch der Herausgeber von Nietzsches Werken, Fritz Koegel, in Weimar, und ich lernte ihn kennen.

Ich bin später mit Frau Elisabeth Förster-Nietzsche in schwere Konflikte gekommen. Damals forderte ihr beweglicher, liebenswürdiger Geist meine tiefste Sympathie heraus.

Ich habe unter den Konflikten unsäglich gelitten; eine verwickelte Situation hat es dazu kommen lassen; ich wurde genötigt, mich gegen Anschuldigungen zu verteidigen; ich weiß, daß das alles notwendig war, daß mir dadurch schöne Stunden, die ich im Nietzsche-Archiv in Naumburg und Weimar verleben durfte, mit einem Schleier der Bitternis in der Erinnerung überzogen sind.

... Aber ich bin Frau Förster-Nietzsche doch dankbar, daß sie

mich bei dem ersten der vielen Besuche, die ich bei ihr machen durfte, in das Zimmer Friedrich Nietzsches führte. Da lag der Umnachtete mit der wunderbar schönen Stirne, Künstler- und Denkerstirne zugleich, auf einem Ruhesopha. Es waren die ersten Nachmittagsstunden. Diese Augen, die im Erloschensein noch durchseelt wirkten, nahmen nur noch ein Bild der Umgebung auf, das keinen Zugang zur Seele mehr hatte. Man stand da, und Nietzsche wußte nichts davon. Und doch hätte man von dem durchgeistigten Antlitz noch glauben können, daß es der Ausdruck einer Seele wäre, die den ganzen Vormittag Gedanken in sich gebildet hatte, und die nun eine Weile ruhen wollte. Eine innere Erschütterung, die meine Seele ergriff, durfte meinen, daß sie sich in Verständnis für den Genius verwandle, dessen Blick auf mich gerichtet war, mich aber nicht traf. Die Passivität dieses lange Zeit verharrenden Blickes löste das Verständnis des eigenen Blickes aus, der die Seelenkraft des Auges wirken lassen durfte, ohne daß ihm begegnet wurde.

Ich konnte in meinen Gedanken nur stammeln, von dem, was ich damals geschaut; und das Stammeln ist der Inhalt meines Buches «Nietzsche ein Kämpfer gegen seine Zeit». Daß das Buch nur ein solches Stammeln geblieben ist, verbirgt die aber doch wahre Tatsache, daß das Bild Nietzsches es mir inspiriert hat.

Dem Nietzsche-Buch Steiners sind noch andere Veröffentlichungen von ihm über Nietzsche gefolgt, so *Die Philosophie Friedrich Nietzsches als psychopathologisches Problem* und *Friedrich Nietzsches Persönlichkeit und die Psycho-Pathologie.* Beide sind in der «Wiener Klinischen Rundschau» erschienen.

Nach Nietzsches Tode hat Steiner verschiedentlich für ihn Gedächtnisreden gehalten, so im Kreise der «Kommenden» am 13. September 1900 in Berlin.

Nietzsche zerbrach an seinem eigenen Unvermögen, aus dem Zeitalter der Naturwissenschaft den Funken echten Geistes herauszuschlagen. Rudolf Steiner hat das qualvolle, redliche Bemühen und Zerbrechen Nietzsches mit stärkster Anteilnahme verfolgt — ist aber seinen eigenen Weg unbeirrt weitergegangen.

Die starke Bejahung, welche Ernst Haeckel durch Rudolf Steiner erfuhr, hat vielfach Anstoß erregt. Muß nicht die Weltanschauung des «Monisten-Papstes», wie Haeckel gerne von seinen Gegnern genannt wurde, als unvereinbar mit gerade jenem geistigen Goetheanismus angesehen werden, den Rudolf Steiner als die Grundlage seiner späteren *Anthroposophie* seit 1882 öffentlich vertrat? Wie kann der gleiche Geist, der die Quintessenz seiner Erkenntnistheorie schon früh in den Satz geprägt hat: *Das Gewahrwerden der Idee in der Wirklichkeit ist die wahre Kommunion des Menschen,* sein Buch *Welt- und Lebensanschauungen im 19. Jahrhundert* (1900) dem Verfasser des damals soeben erschienenen Buches «Die Welträtsel» (1899) widmen, welches das klassische Dokument eines naiven Materialismus darstellt? Wie kann er von selbständigem Geist und wirk-

Ernst Haeckel (1834—1919)

samen Ideen reden, eine *Philosophie der Freiheit* schreiben, wenn er gleichzeitig ein Werk anerkennt, das mit Überzeugung proklamiert: «Es gibt keinen Gott, keine Unsterblichkeit und keine Freiheit der menschlichen Seele»?

Fest steht: auf seiten der ungezählten Gegner Haeckels stand Rudolf Steiner nicht. Ihm schien das Anliegen Haeckels für den Übergang vom 19. zum 20. Jahrhundert wichtiger als alles, was die christlichen Theologen der gleichen Zeit gegen Haeckel und für ihre eigene Position vorzubringen hatten. Rudolf Steiner war überzeugt, daß die Entwicklungslehre, deren Bahnbrecher nun einmal Darwin und Haeckel waren, unbedingt vom neuzeitlichen Bewußtsein aufgenommen werden mußte. Auch wenn die ersten Darstellungen der Entstehungsgeschichte primitiv und unfertig ausfielen, insbesondere die Aussagen über die bewirkenden Ursachen der Entwicklung völlig unzureichend waren — der Grundgedanke einer Evolution der Lebewesen wurde von Rudolf Steiner anerkannt. Als Schwäche der Theologen mußte er es ansehen, daß sie die Naturtatsachen nicht sehen wollten und hilflos den aus der Naturwissenschaft gewonnenen Anschauungen über den Entwicklungsweg der Natur und der Menschheit gegenüberstanden. *Gefährlicher als all die Schäden, die eine «Descendenz-Religion» in unreifen Köpfen anrichten kann, ist jedenfalls der seit Jahrzehnten unter dem Beifall der theologischen und anderer Reaktionäre geführte Kampf gegen die Abstammungslehre.*

Ernst Haeckel kämpfte mit Enthusiasmus gegen eine überlebte Weltanschauung in dem naiven Glauben, daß das neue Wissen um Sein und Werden der Natur zu einer tragenden Weltanschauung führen werde. Er vermochte aber nicht zu übersehen, wie unzureichend seine eigenen Möglichkeiten waren, seinem Anliegen denkerisch Ausdruck zu geben.

Hätte Haeckel jemals Philosophie auch nur ein wenig studiert, in der er nicht bloß Dilettant, sondern ein Kind ist, er hätte ganz sicher aus seinen epochemachenden phylogenetischen Studien die höchsten spiritualistischen Schlüsse gezogen.

Nun ist trotz aller deutschen Philosophie, trotz aller übrigen deutschen Bildung Haeckels phylogenetischer Gedanke die bedeutendste Tat des deutschen Geisteslebens in der zweiten Hälfte des neunzehnten Jahrhunderts. Und es gibt keine bessere wissenschaftliche Grundlegung des Okkultismus als Haeckels Lehre. Haeckels Lehre ist groß und Haeckel der schlechteste Kommentator dieser Lehre. Nicht, indem man den Zeitgenossen die Schwächen Haeckels zeigt, nützt man der Kultur, sondern indem man ihnen die Größe von Haeckels phylogenetischen Gedanken darlegt. Das tat ich nun in den zwei Bänden meiner: «Welt- und Lebensanschauung im 19. Jahrhundert», die auch Haeckel gewidmet sind und in meiner kleinen Schrift «Haeckel und seine Gegner».

Durch mehrere Jahre blieb die Beziehung Steiner-Haeckel auf Briefwechsel beschränkt. *Ich hatte zunächst kein Bedürfnis, Haeckel, an den ich viel zu denken gezwungen war, persönlich kennenzulernen.*

Als Haeckel 1894 an seinem 60. Geburtstag in Jena durch eine glänzende Festlichkeit gefeiert wurde, war Rudolf Steiner unter den geladenen Gästen. Der Sohn Haeckels stellte beim Festessen Steiner seinem Vater auf dessen Wunsch vor:

So lernte ich Haeckel persönlich kennen. Er war eine bezaubernde Persönlichkeit. Ein Augenpaar, das naiv in die Welt blickte, so milde, daß man das Gefühl hatte, dieser Blick müßte sich brechen, wenn Schärfe des Denkens sich durch ihn durchdränge. Der konnte nur Sinnes-Eindrücke vertragen, nicht Gedanken, die sich in den Dingen und Vorgängen offenbaren. Jede Bewegung an Haeckel war darauf gerichtet, gelten zu lassen, was die Sinne aussprechen, nicht den beherrschenden Gedanken in ihr sich offenbaren zu lassen. Ich verstand, warum Haeckel so gerne malte. Er ging in der Sinnesanschauung auf. Wo er beginnen sollte, zu denken, da hörte er auf, die Seelentätigkeit zu entfalten und hielt lieber das Gesehene durch den Pinsel fest. So war die eigene Wesenheit Haeckels. Hätte er nur sie entfaltet, etwas ungemein reizvoll Menschliches hätte sich geoffenbart.

Aber in einem Winkel dieser Seele wühlte etwas, das eigensinnig als ein bestimmter Gedankeninhalt sich geltend machen wollte, etwas, das aus ganz anderen Weltrichtungen herkam, als sein Natursinn ...

... In solch widerspruchsvoller Art lebten zwei Wesen in Haeckel. Ein Mensch mit mildem, liebeerfülltem Natursinn, und dahinter etwas wie ein Schattenwesen mit unvollendet gedachten, engumgrenzten Ideen, die Fanatismus atmeten. Wenn Haeckel sprach, dann ließ seine Milde den Fanatismus nur schwer sich in das Wort ergießen; es war, wie wenn naturgewollte Sanftheit ein verborgenes Dämonisches im Sprechen abstumpfte. Ein Menschenrätsel, das man nur lieben konnte, wenn man es sah; über das man oft in Zorn geraten konnte, wenn es urteilte. So sah ich Haeckel vor mir, als er in den neunziger Jahren des vorigen Jahrhunderts das vorbereitete, was dann zu dem wilden Geisteskampfe führte, der um die Jahrhundertwende wegen seiner Gedankenrichtung tobte.

Das Thema «Haeckel» ist im Leben Rudolf Steiners nie verstummt. Es hat ihn bis in sein letztes Lebensjahr begleitet. In nicht weniger als 25 Veröffentlichungen und ungezählten Vorträgen Steiners klingt der Name Haeckel auf.

ERKENNTNISRINGEN IN DER WEIMARER ZEIT

Rudolf Steiners seelisch-geistige Situation in der Weimarer Zeit war eine ungewöhnliche. Aber ungewöhnlich war auch die Stärke des Bewußtseins, mit der er sie meisterte.

Ich verlebte diese Zeit in dem Lebensalter, in dem die Seele sich, ihrer Neigung nach, intensiv dem äußeren Leben zuwendet, in dem sie ihren festen Zusammenschluß mit diesem Leben finden möchte. Mir wurden die sich darlebenden Weltanschauungen – z. B. Nietzsches und Haeckels – *ein Stück Außenwelt. Und ich mußte empfinden, wie wenig ich im Grunde bis dahin mit einer Außenwelt gelebt hatte. Wenn ich mich von dem lebhaften Verkehre zurückzog, dann wurde ich gerade damals immer wieder gewahr, daß mir eine vertraute Welt bis dahin nur die geistige, die ich im Innern anschaute, gewesen ist. Mit dieser Welt konnte ich mich leicht verbinden. Und meine Gedanken gingen damals oft nach der Richtung, mir selbst zu sagen, wie schwer mir der Weg durch die Sinne zur Außenwelt während meiner ganzen Kindheit und Jugendzeit geworden ist. Ich habe immer Mühe gehabt, dem Gedächtnisse die äußeren Daten einzuverleiben, die sich anzueignen z. B. auf dem Gebiete der Wissenschaft notwendig ist. Ich mußte oft und oft ein Naturobjekt sehen, wenn ich wissen sollte, wie man es nennt, in welche Klasse es wissenschaftlich eingereiht ist usw. Ich darf schon sagen: die Sinneswelt hatte für mich etwas Schattenhaftes, Bildhaftes. Sie zog in Bildern vor meiner Seele vorbei, während der Zusammenhalt mit dem Geistigen durchaus den echten Charakter des Wirklichen trug.*

Man mag geneigt sein, einer solchen Selbstbeschreibung den Stempel des «Introvertierten» aufzudrücken. Im Falle Rudolf Steiners dürfte dies zu einer Fehldiagnose führen.

Er sagt zwar weiter: *Ich mußte mit meinem eigenen Wesen immer in mir zurückbleiben. Es war wirklich meine Welt wie durch eine dünne Wand von aller Außenwelt abgetrennt.* Aber das ständige – zum Teil leidvolle – Durchbrechen dieser Außenwand und das Hinübergehen in die Gedanken - und Empfindungswelt der «Ganz-Anderen» bis an die Grenze der Selbstaufgabe, das gerade kennzeichnet die innere Situation des etwa fünfunddreißigjährigen Rudolf Steiner.

Mit meiner eigenen Seele lebte ich in einer Welt, die an die Außenwelt angrenzt; aber ich hatte immer nötig, eine Grenze zu überschreiten, wenn ich mit der Außenwelt etwas zu tun haben wollte. Ich stand im lebhaftesten Verkehre; aber ich mußte in jedem einzelnen Falle aus meiner Welt wie durch eine Türe in diesen Verkehr eintreten. Das ließ mir die Sache so erscheinen, als ob ich jedesmal, wenn ich an die Außenwelt herantrat, einen Besuch machte. Das aber hin-

Rudolf Steiner in Weimar, 1896

derte mich nicht, mich mit lebhaftestem Anteile dem hinzugeben, bei dem ich zu Besuch war; ich fühlte mich sogar ganz heimisch, während ich zu Besuch war.

In dieser Selbstcharakterisierung Steiners liegt der Schlüssel zu dem, was nicht ganz wohlwollenden Biographen oft so große Schwierigkeiten bereitet hat. Schrieb er über Darwin und Haeckel, so konnte es bei nicht sehr genauem Zusehen so ausschauen, als sei er Anhänger des Darwinismus. Setzte er sich für Nietzsche ein, so hielt man ihn für einen Nietzscheaner. Und so fort.

So war es mit Menschen, so war es mit Weltanschauungen. Ich ging gerne zu Suphan, ich ging gerne zu Hartleben. Suphan ging nie zu Hartleben; Hartleben nie zu Suphan. Keiner konnte in des andern Denk- und Gefühlsrichtung eintreten. Ich war sogleich bei Suphan, sogleich bei Hartleben w i e zu Hause. Aber weder Suphan noch Hartleben kamen eigentlich zu mir. Sie blieben, auch wenn sie zu mir kamen, bei sich.

Nicht er war der «Introvertierte», sondern die «Anderen». Dies ist jetzt nicht nur die Selbstaussage Rudolf Steiners, sondern wird auch von Männern bezeugt, die ihm im Leben begegnet sind: wie Edouard Schuré, Jules Sauerwein, Christian Morgenstern, Friedrich Rittelmeyer, Albert Steffen. Sie und viele andere bekunden die außerordentliche Fähigkeit Rudolf Steiners, gleichsam in die Seelen-Haut seines Gegenübers zu schlüpfen und dadurch diesen oft besser zu verstehen, ja zu interpretieren, als dieser sich selbst.

So stand er vor den Weltanschauungen Haeckels und Nietzsches. *Ich empfand ihre relative Berechtigung. Ich konnte durch meine Seelenverfassung sie nicht so behandeln, daß ich sagte: das ist richtig, das unrichtig. Da hätte ich, was in ihnen lebt, als mir fremd empfinden müssen. Aber ich empfand die eine nicht fremder als die andere; denn heimisch fühlte ich mich nur in der angeschauten geistigen Welt, und «wie zu Hause» konnte ich mich in jeder andern fühlen.*

Durch das so sichere Stehen und Leben in einer eigenen geistigen Welt, war er selbst dagegen gefeit, in einen charakterlosen Relativismus zu verfallen, der ohne eigenen Standpunkt alles versteht.

Zu der Lehre seiner später ausgebildeten *Anthroposophie* gehört die Anerkennung der relativen Berechtigung von mehreren Weltanschauungen. Nach Steiner gibt es die Wahrheit des Idealismus, des Materialismus, des Empirismus und so fort, so wie es die Wahrheit eines Fichte, eines Herbart, eines Marx usw. gibt. Sein Bemühen galt einer zusammenschauenden Sicht in Anerkennung der jeweilig berechtigten Aspekte und intellektuellen Standpunkte — und doch den Synkretismus zu vermeiden. *Wer alles ablehnt, was nicht in seiner Denkrichtung liegt, der wird nicht bedrängt von der relativen Berechtigung, die die verschiedenen Weltanschauungen haben. Er kann rückhaltlos das Faszinierende dessen empfinden, was nach einer bestimmten Richtung ausgedacht ist. Dieses Faszinierende des Intellektualismus lebt ja in so vielen Menschen. Sie werden leicht mit dem fertig, was anders gedacht ist als das ihrige. Wer aber eine Welt der A n s c h a u u n g hat, wie sie die geistige sein m u ß, der s i e h t die Berechtigung der verschiedensten «Standpunkte»; und er muß sich fortwährend im Innern seiner Seele wehren, um nicht zu stark zu dem einen oder dem andern hingelenkt zu werden.*

Ich lebte so nicht ohne geistige Gefahren und Schwierigkeiten.

Die Veröffentlichungen Rudolf Steiners in den rund sieben Jahren seiner Weimarer Zeit umfassen etwa 95 Titel. Außer den sieben Bänden der «Sophien-Ausgabe», den restlichen Bänden in Kürschners Nationalliteratur, seiner Dissertation, die er zu *Wahrheit und Wissenschaft* umarbeitet, seinem Nietzsche-Buch, erscheint Rudolf Steiners philosophisches Standardwerk: *Die Philosophie der Freiheit.*

Das Gewahrwerden der Idee in der Wirklichkeit ist die wahre Kommunion des Menschen.
Rudolf Steiner. 1887

«DIE PHILOSOPHIE DER FREIHEIT»

Die Philosophie der Freiheit enthält in reiner Gedanklichkeit im Prinzip schon alles, was Rudolf Steiner später inhaltlich als *Anthroposophie* entwickelt hat. Darum übersteigt es auch bei weitem den Rahmen einer Monographie, den Inhalt dieses Buches vermitteln zu wollen. Trotzdem sei der Versuch unternommen, die Grundlinien dieses «erkenntnistheoretischen» Standardwerkes aus Rudolf Steiners Lebensmitte zu skizzieren.

Die Philosophie der Freiheit hat den Untertitel: *Seelische Beobachtungsresultate nach naturwissenschaftlicher Methode.* In diesem Zusatz wird das primäre Anliegen Steiners deutlich. Ihm geht es um den Ausbau einer Geisteswissenschaft, die sich der strengen Methodik der Naturwissenschaft bedient, aber als Objekte der Erkenntnis gleicherweise die sinnliche wie die über-sinnliche Welt wählt.

Die Sinneswelt als der Teil der Welt, der ausschließlich durch die Leibessinne und ihre «Verstärkungen», durch Mikroskop, Teleskop und andere Apparaturen erforscht wird, bleibt Maja, bleibt Scheinwelt, solange sie nicht von einem denkenden Bewußtsein durchdrungen ist. Niemals ist die Sinneswelt die ganze Wirklichkeit. Erst die Betätigung des aktiven Denkens, das nicht sklavisch an das Leitseil der Sinneswahrnehmung gebunden ist, sondern sich in geistiger Tätigkeit, als *sinnlichkeitsfreies* Denken entwickelt, vermag die Halbheit der Sinneswelt durch den Erkenntnisakt zur Ganzheit der Wirklichkeit zu erheben. In der Betätigung dieses *sinnlichkeitsfreien* Denkens überschreitet der Mensch im Geiste jene Grenzen, die seit Kant für die Erkenntnistheorie des 19. Jahrhunderts als ein für allemal gegeben und unüberschreitbar anerkannt wurden. Diesem Dogma von der prinzipiellen Begrenzung menschlicher Erkenntnis galt der primäre Kampf Rudolf Steiners. In seiner eigenen Denkerfahrung erlebte er die Überschreitung jener Grenze, welche der Intellekt durch seine freiwillige Bindung an das nur nach «Maß, Zahl und Gewicht» Erforschbare sich selbst errichtet hatte. Im sinnlichkeitsfreien Denken steht die Seele in dem geistigen Wesen der Welt selber tätig darinnen. Als geistiger Vorgang ist das von der Sinnenwelt befreite Denken ein Gliedprozeß der geistigen Welt. Je intensiver — je schöpferischer — geistmächtiger das sinnlichkeitsfreie Denken sich entfaltet, um so bewußter erfährt es sich selbst als in den geistigen Urgründen des Daseins verwurzelt. Darum: *Das Reden von Erkenntnisgrenzen hatte für mich keinen Sinn. Erkennen war mir das Wiederfinden der durch die Seele erlebten Geistes-Inhalte in der wahrgenommenen Welt. Wenn jemand von Erkenntnisgrenzen sprach, so sah ich darinnen das Zugeständnis, daß er die wahre Wirklichkeit nicht geistig in sich erleben und sie deshalb auch in der wahrgenommenen Welt nicht wiederfinden könne. Auf die Widerlegung der Anschauung von Erkenntnisgrenzen kam es mir beim Vorbringen meiner eigenen Einsichten in erster Linie an.*

Es versteht sich von selbst, daß jede Individualität zu bestimmter Zeit in ihrem Erkenntnisleben Grenzen hat. Die Grenzen der Erkenntnis eines Kindes werden im Laufe des Lebens im Zusammenhange mit der Reifung der Persönlichkeit zunehmend erweitert. Sie sind nicht ein für allemal gesetzt, sondern folgen der menschlichen Entwicklung. Diese aber vollzieht sich auf zwei Feldern: dem der Wahrnehmung und dem des Denkens. Aus der Durchdringung des Wahrgenommenen mit der Begriffe bildenden Tätigkeit des Denkens entsteht Erkenntnis.

Nicht an den Gegenständen liegt es, daß sie uns zunächst ohne die entsprechenden Begriffe gegeben werden, sondern an unserer geistigen Organisation. Unsere totale Wesenheit funktioniert in der Weise, daß ihr bei jedem Dinge der Wirklichkeit von zwei Seiten her die Elemente zufließen, die für die Sache in Betracht kommen: von seiten des Wahrnehmens und des Denkens.

Unter Wahrnehmung will Rudolf Steiner nicht nur die Sinneswahrnehmung verstanden wissen. Auch die Seelenerlebnisse des Fühlens, des Empfindens, stehen auf seiten der Wahrnehmung, dienen als Wahrnehmungsorgane wie Auge und Ohr. Vom Erkennenden wird gefordert, daß er diesen auf subjektivem Felde zu machenden Wahrnehmungserfahrungen ebenso objektiv gegenübersteht, wie den Aussagen seiner wissenschaftlichen Apparaturen im Experimente. Daher ist auch der Erkenntnisfortschritt von der einen Seite her wesentlich an die Schulung, an die Verfeinerung und Erweiterung des Wahrnehmungsvermögens gebunden. Aber diese Wahrnehmung der Welt in allen Schichten des leiblich, seelisch, geistigen Daseins bringt noch keine Erkenntnis. Diese entsteht erst, wenn gleichsam von der anderen Seite das von allen ungeistigen Elementen gereinigte Denken entgegenkommt. Was ist unter gereinigtem Denken zu verstehen? Die «Säuberung» von allen unsachlichen Faktoren, als da sind: Wünsche, Neigungen, Emotionen, Affekte, Illusionen aller Art! Auch von einem Wissenschaftler des Über-Sinnlichen und besonders von diesem ist zu fordern, daß er im Erkenntnisprozeß die gleiche Objektivität in seiner Seele walten läßt, die bei einem naturwissenschaftlichen Experiment vorausgesetzt wird. *Die Wahrnehmung ist also nichts Fertiges, Abgeschlossenes, sondern die eine Seite der totalen Wirklichkeit. Die andere Seite ist der Begriff. Der Erkenntnisakt ist die Synthese von Wahrnehmung und Begriff. Wahrnehmung und Begriff eines Dinges machen aber erst das ganze Ding aus.*

Die Synthese von Wahrnehmung und Begriff ergibt sich nicht zwangsläufig, sondern wird durch die denkende Tätigkeit der diesen Denkprozeß vollziehenden Persönlichkeit herbeigeführt. Insofern ein solches Denken nicht durch die Nötigungen von Wünschen, Instinkten, Trieben, Leidenschaften getrübt ist, geschieht es in Freiheit. Handelt der Mensch aus Impulsen, die er undurchschaut in sein Denken, das dem Handeln zugrunde liegt, einfließen läßt, ist er unfrei. Nicht er ist es selbst, der da handelt, sondern das «Es» der ihn bestimmenden Emotionen. *Er läßt das Ungeistige handeln. Sein Geistiges handelt erst, wenn er die Impulse seines Handelns in dem Gebiete seines sinnlichkeitsfreien Denkens als moralische Intuition findet. Da handelt er selbst, nichts anderes. Da ist er ein freies, ein aus sich selbst handelndes Wesen.*

Man sieht, die Aufgabe, die Grenzen der Erkenntnis zu überwinden, ist für Steiner auf das engste mit dem Problem der menschlichen Freiheit verbunden.

Ich wollte darstellen, wie derjenige, der das sinnlichkeitsfreie Denken als ein rein Geistiges im Menschen ablehnt, niemals zum Begreifen der Freiheit kommen könne; wie aber ein solches Begreifen sofort eintritt, wenn man die Wirklichkeit des sinnlichkeitsfreien Denkens durchschaut.

Insofern ist der Grad des Freiseins eines Menschen von der Qualität seines Denkens bestimmt. Wer nicht im Stande ist, sich selbst in dem von Steiner charakterisierten *sinnlichkeitsfreien Denken* als innerem Tun zu erfahren, bzw. nicht in der Lage ist, sich ein solches von der Sinnlichkeit losgelöstes inneres Tun auch nur vorzustellen, wird ihm und seiner *Philosophie der Freiheit* nicht folgen können. Steiner geht von dem Bereich des *sinnlichkeitsfreien* Denkens als ihm gegebener Erfahrung aus. Durch dieses Denken betritt der Mensch die Ebene des Sittlich-Ideellen. Hier geht er ebenso konkret mit Gedanken und Ideen um, wie im physischen Bereich mit Tischen und Stühlen. Der Mensch ist geistig tätig, wenn er sich auch im geistigen Bereich beobachtend zu bewegen vermag und auf Grund dieser Fähigkeit seine selbst wählende moralische Phantasie betätigt. *Frei sein heißt die dem Handeln zugrunde liegenden Vorstellungen (Beweggründe) durch die moralische Phantasie von sich aus bestimmen können. Freiheit ist unmöglich, wenn etwas außer mir (mechanischer Prozeß oder nur erschlossener außerweltlicher Gott) meine moralischen Vorstellungen bestimmt. Ich bin nur dann frei, wenn ich selbst diese Vorstellungen produziere; nicht, wenn ich die Beweggründe, die ein anderes Wesen in mich gesetzt hat, ausführen k a n n. Ein freies Wesen ist dasjenige, welches w o l l e n kann, was es selbst für richtig hält.*

Insofern wird der Rang eines Menschen durch die Höhe und Stärke jener Fähigkeit bestimmt, die Rudolf Steiner *moralische Phantasie* nennt. *Sie ist die Quelle für das Handeln des freien Geistes. Deshalb sind auch nur Menschen mit moralischer Phantasie eigentlich sittlich produktiv. Die bloßen Moralprediger, das ist: die Leute, die sittliche Regeln ausspinnen, ohne sie zu konkreten Vorstellungen verdichten zu können, sind moralisch unproduktiv.*

In späterem Rückschauen auf dieses grundlegende Werk, von dem wir hier nur völlig unzureichende Andeutungen geben konnten, die niemals das eigene Studium des Buches ersetzen können, schreibt Rudolf Steiner in seinem *Lebensgang*:

Meine «Philosophie der Freiheit» ist in einem Erleben begründet, das in der Verständigung des menschlichen Bewußtseins mit sich selbst besteht. Im Wollen wird die Freiheit geübt; im Fühlen wird sie erlebt; im Denken wird sie erkannt. Nur darf, um das zu erreichen, im Denken nicht das Leben verloren werden.

Vielleicht wird hier deutlich, warum Rudolf Steiner lebenslang als die Voraussetzung zum Verständnis seiner *Anthroposophie* lebendiges, nicht totes Denken forderte.

Den Abschluß dieser Lebensperiode bildet das Buch: *Goethes Weltanschauung* (1897). Wie nebenbei – als Zeugnis seiner immensen Arbeitskraft – schrieb er die Einleitung zu den in der «Cottaschen Bibliothek der Weltliteratur» herausgegebenen Werken von Schopenhauer (1894/95) und Jean Paul (1897).

Als er Weimar 1897 verläßt, faßt der Jahresbericht der Goethe-Gesellschaft die offizielle Anerkennung seiner Tätigkeit am Goethe-und-Schiller-Archiv in die Worte: «Was er hierbei in glücklichem Zusammenwirken kritischer und produktiver Tätigkeit geleistet hat, hat den Beifall aller Kenner gefunden. Es ist seinem selbstlosen Bemühen zu verdanken, daß in wohlgeordneter Folge und einheitlichem Aufbau eine Fülle von Urkunden vorliegt, die dem Naturforscher Goethe eine vollere und höhere Würdigung sichert.» Der sechsunddreißigjährige Rudolf Steiner dürfte mit diesem «Nachruf» zufrieden gewesen sein – auch wenn sein eigentliches Anliegen im Kreise des «offiziellen» Weimars weder bemerkt noch verstanden wurde.

BERLIN 1897–1900

Der «Umschwung»

Am Ende meiner weimarischen Zeit hatte ich sechsunddreißig Lebensjahre hinter mir. Schon ein Jahr vorher hatte in meiner Seele ein tiefgehender Umschwung seinen Anfang genommen. Mit meinem Weggang von Weimar wurde er einschneidendes Erlebnis. Er war ganz unabhängig von der Änderung meiner äußeren Lebensverhältnisse, die ja auch eine große war.

Durch Kindheit und Jugend, durch die Wiener und Weimarer Zeit zog sich für Steiner gleichbleibend die Schwierigkeit hin, mit derselben Intensität, mit der er den Bereich der Ideen und die geistige Welt erlebte, auch die Sinneswelt zu erfahren. Während das Leben im Geiste für ihn eine Selbstverständlichkeit war und einen Zustand hellster Wachheit bedeutete, fühlte er sich der Sinneswelt von Formen, Farben und Tönen gegenüber wie träumend. Gerade das, was heute einen «modernen» jungen Menschen, der im Straßenverkehr groß geworden ist, kennzeichnet, die Überwachheit der Sinne, fehlte zunächst Rudolf Steiner. *Das wahrnehmende Erfassen der Sinneswelt bot mir die größten Schwierigkeiten. Es war, als ob ich das seelische Erleben nicht so weit in die Sinnesorgane hätte ergießen können, um, was d i e s e erlebten, auch vollinhaltlich mit der Seele zu verbinden. Das änderte sich völlig vom Beginne des sechsunddreißigsten Lebensjahres angefangen. Mein Beobachtungsvermögen für Dinge, Wesen und Vorgänge der physischen Welt gestaltete sich nach der Richtung der Genauigkeit und Eindringlichkeit um.*

... Eine vorher nicht vorhandene Aufmerksamkeit für das Sinnlich-Wahrnehmbare erwachte in mir.

Es ist ihm bewußt, daß dieser «Seelen-Umschwung» in jedem Menschen natürlicherweise sich in der Kindheit vollzieht, langsam und organisch. Das Besondere in der Entwicklung Rudolf Steiners ist, daß er diesen Vorgang erst in einem viel späteren Lebensabschnitt erfährt. Er blieb in seinem Verhältnis zur Außenwelt «länger Kind». Indem er diesen Umschwung so viel später als üblich erlebte, konnte er ihn voll bewußt erleben und damit auch das Positive einer solchen «Spät-Entwicklung» erfahren. *Ich fand, wie die Menschen, weil sie früh vom seelischen Weben in der geistigen Welt zum Erleben des physischen übergehen, zu keinem r e i n e n E r f a s s e n weder der geistigen, noch der physischen Welt gelangen. Sie vermischen fortdauernd ganz instinktiv dasjenige, was die Dinge ihren Sinnen sagen, mit dem, was die Seele durch den Geist erlebt und was dann von ihr mitgebraucht wird, um sich die Dinge «vorzustellen».*

Nur schwer kann man sich in das Erlebnis dieses Seelen-Umschwunges versetzen. In verhältnismäßig kurzer Zeit tritt die Sinneswelt, die bis dahin vor Steiner wie eine von Nebelschleiern umhüllte Landschaft lag, in einer für ihn nie erfahrenen Klarheit und Deutlichkeit auf. Der Nebel zerreißt und vor ihm liegt die in allen Umrissen und Farben sonnenerleuchtete Außenwelt. *Für mich war in der Genauigkeit und Eindringlichkeit der sinnenfälligen Beobachtung das Beschreiten einer ganz neuen Welt gegeben.*

Selbstverständlich hatte dieses neue Verhältnis zur Umwelt auch seine Rückwirkungen auf Steiners Innenwelt. Sein Seelenleben erfuhr eine Steigerung, die sich vor allem auf sein Verhältnis zu seinen Mitmenschen auswirkte: *Meine Beobachtungsgabe stellte sich darauf ein, dasjenige ganz objektiv, rein in der Anschauung hinzunehmen, was ein Mensch darlebte. Mit Ängstlichkeit vermied ich, Kritik zu üben an dem, was die Menschen taten, oder Sympathie und Antipathie in meinem Verhältnis zu ihnen geltend zu machen: ich wollte «den Menschen, wie er ist, einfach auf mich wirken lassen». Ich fand bald, daß ein solches Beobachten der Welt wahrhaft in die geistige Welt hineinführt.*

Jetzt erst fühlt er sich in das Ganze der Welt versetzt, indem er sich souverän zwischen Innenwelt und Außenwelt hin und her gehend weiß. Im Erleben und Ausgleichen der Polarität von Innen und Außen in der gleichen Bewußtheit sieht er das wahre *Verständnis für das Leben*. Die neue Situation kennzeichnet er: *Da ist die Welt voller Rätsel. Erkenntnis möchte an sie herankommen. Aber sie will zumeist einen Gedankeninhalt als Lösung eines Rätsels aufweisen. Doch die Rätsel — ... lösen sich n i c h t d u r c h G e d a n k e n. Diese bringen die Seele auf den Weg der Lösungen; aber sie enthalten die Lösungen nicht.*

...So sagte ich mir auch: die ganze Welt, außer dem Menschen, ist ein Rätsel, das eigentliche Welträtsel; und d e r M e n s c h i s t s e l b s t d i e L ö s u n g.

Das geistige Leben Berlins im Jahre 1897 war in mancher Hinsicht vielschichtig. Die «wilhelminische Ära» hatte begonnen. Bismarck war von Wilhelm II. auf seinen Ruhesitz im Sachsenwald geschickt worden. Aber es waren doch auch die Nachwirkungen der großen Zeit eines Alexander Humboldt, Hegel, Schleiermacher noch zu spüren. Ein Mann wie Herman Grimm, der an dem Weimarer Goethe-und-Schiller-Archiv maßgeblich beteiligt war, hatte einen Lehrstuhl an der Universität inne. Es lag nahe, daß Rudolf Steiner sich an Herman Grimm wandte, um durch diesen den Zugang zu den akademischen Kreisen Berlins zu finden. War ihm doch unter allen Goethe-Forschern nächst Schröer in Herman Grimm eine Persönlichkeit begegnet, die noch in hohem Maße durch ihr eigenes Wesen und Schicksal die große, klassische Zeit Weimars wie in der Erinnerung repräsentierte. Herman Grimm war verheiratet mit Gisela von Arnim, der Tochter jener Bettina von Arnim, die durch «Goethes Briefwechsel mit einem Kinde» als ein Lebensglied aus dem unmittelbaren Umkreis Goethes im Bewußtsein aller Goethe-Kenner lebt. In Herman

Herman Grimm (1828—1901)

Grimm sah Rudolf Steiner *eine Art geistigen Nachkommen Goethes* und trug ihm selbstverständliche Verehrung entgegen. Oftmals hatte er ihn in Weimar erlebt: *Geistige Vornehmheit zog in das Archiv ein, wenn Herman Grimm erschien. Von dem Zeitpunkte an, da ich noch in Wien sein Goethe-Buch gelesen hatte, lebte zu seiner Geistesart die tiefste Neigung in mir.* Und man glaubt es zu verstehen. Denn Herman Grimm war wie das verkörperte Abendleuchten der Goethe-Sonnen-Zeit, die ansonsten zum Ende des 19. Jahrhunderts so gut wie untergegangen war. *Wenn Herman Grimm in Weimar und im Archiv erschien, dann fühlte man die Nachlaßstätte wie durch geheime Fäden mit Goethe verbunden.*

Was hätte also für Steiner näher gelegen, als sich in Berlin so viel wie nur möglich an ihn anzuschließen und durch ihn im offiziellen Geistesleben Berlins seinen Platz zu finden. Herman Grimm wäre ihm sicher behilflich gewesen. Aber gerade das war Rudolf Steiner durch seinen eigenen Willen verwehrt.

Noch in Weimar hat ihm beim Hotel-Mittagessen zu zweit Herman Grimm in einer für diesen selten mitteilsamen Art seine Gedanken über die «Geschichte der deutschen Phantasie» vorgetragen. Steiner war von dieser Ausführung stark beeindruckt, aber er erkannte sogleich auch den Abgrund, der ihn von Herman Grimm trennte: *Ich glaubte zu wissen, wie die übersinnliche Geistigkeit durch Menschen wirkt. Ich hatte einen Mann vor mir, dessen Seelenblick bis zu der schaffenden Geistigkeit reicht, der aber nicht das Eigenleben dieser Geistigkeit erkennend ergreifen will, sondern der in der Region verbleibt, wo sich im Menschen das Geistige als Phantasie auslebt.* Goethes eigene Abneigung, *über das Denken zu denken,* den objektiven Charakter der auf dem subjektiven Schauplatz der Menschenseele in Erscheinung tretenden Gedanken und Ideen zu erforschen, das lag absolut außerhalb des Interesses auch von Herman Grimm. So kam es, daß Rudolf Steiner — nicht ohne innere Widerstände überwinden zu müssen — an völlig andere Kreise den Anschluß suchte.

Seit 1832, dem Todesjahr Goethes, erschien in Berlin ein «Magazin für Litteratur» unter wechselnden Namen und Herausgebern. Dieses wurde von Rudolf Steiner käuflich erworben. Unter den Kaufverpflichtungen wurde ihm auferlegt, Otto Erich Hartleben als Mitherausgeber anzuerkennen. Rudolf Steiner nahm diese Verpflichtung, die ihm seine Aufgabe keineswegs nur erleichterte, als *schicksalsgewobene Tatsache* hin. Vor allem aus wirtschaftlichen Gründen wurde das «Magazin für Litteratur» zugleich zum Organ der «Freien literarischen Gesellschaft», der revolutionären Gegenspielerin der traditionellen «Literarischen Gesellschaft».

In diesen menschlichen Zusammenhang trat der sechsunddreißigjährige Rudolf Steiner ein. Der innere «Umschwung» Weimars setzte sich nun in einem äußeren Lebensumbruch fort, wie er radikaler der Wiener und Weimarer Zeit gegenüber kaum gedacht werden kann. Nicht die renommierte Professorenschaft der Berliner Universität, sondern die Avantgarde der für die deutsche Reichshauptstadt einmaligen Bohemiens wählte sich Steiner als seine neue Lebensumwelt.

Es ist, als ob er seine reiche innere Welt noch einmal überprüfen mußte, ob sie auch den stärksten Zerreißproben diesseitigen Lebens standhält, wenn er sich jetzt rückhaltlos dem Leben *dieser Welt* überläßt. Er selbst sieht auf diese *Prüfungsjahre* in Berlin kurz vor seinem Tode zurück: *Die Zeit von meinem Abschiede von der Weimarer Arbeit — 1897 — bis zu der Ausarbeitung meines Buches, «Das Christentum als mystische Tatsache» — 1901/02 — ist von dieser Prüfung ausgefüllt. Solche Prüfungen sind die vom Schicksal (Karma) gegebenen Widerstände, die die geistige Entwicklung zu überwinden hat.*

Emil Bock hat versucht, in einem Aufsatz über «Gestalten im Umkreis Rudolf Steiners in Berlin vor der Jahrhundertwende» durch einzelne Stimmungsbilder das Milieu festzuhalten, in dem Rudolf Steiner sich zunächst bewegte.

«... In den Kreisen des gesetzten, gebildeten Bürgertums, hatte man Grund, auf den Kreis um Otto Erich Hartleben mit ganz gewaltiger moralischer Entrüstung herabzuschauen. Wer da verkehrte, war eben nicht salonfähig. So hatte sich Rudolf Steiner damals für einen der beiden Kreise zu entscheiden. Obwohl ihm das rundherum sehr übelgenommen wurde, geriet er in den Kreis von seltsamen Originalen, Sonderlingen, Bummelanten, Nachtschwärmern, Außenseitern der Gesellschaft. Aber da herrschte wirkliche Farbigkeit. Da geht es lebendig zu. Um deutlich zu machen, welches der Stil auf diesem Kontinente ist, will ich zu Beginn eine kleine Anekdote erzählen: Otto Erich Hartleben liebte es nicht, abends zu Hause zu bleiben. Er liebte es aber auch nicht, wenn er in seinen Kneipen herumsaß, wieder nach Hause zu gehen. Es war immer schon heller Tag, wenn er den Heimweg antrat. Kein Wunder, daß er dann erst nachmittags aus dem Bett stieg. Eines Morgens machte er seinen üblichen Weg durch den Tiergarten. Da liegt auf einer Tiergartenbank einer und schläft.

Otto Erich Hartleben (1864—1905)

Hartleben schaut genau hin: das ist ja ein sehr guter Freund von ihm, nämlich der Dichter Peter Hille. Er geht zu ihm, rüttelt ihn wach und sagt: ‹Peter, das geht doch nicht, daß du hier in dem feuchten Tiergarten kampierst. Du hast der Menschheit noch so viel zu geben. Los, geh und such ein Zimmer für dich.› — Als sich Peter zum Erwachen durchgerungen hat, sind die beiden losgetrottelt. Sie mußten allerdings noch den vollen Anbruch des Tages abwarten und vertrieben sich bis dahin die Zeit in einer Wirtschaft, wo die Nachtkutscher herumsaßen. Als dann die Häuser aufgemacht wurden, gingen die beiden in dem Viertel um den Nollendorfplatz herum von einem Haus zum andern, um ein billiges Zimmer zu suchen. Nach langem Suchen fanden sie im 5. Stock eines Hauses ein Zimmer, und Peter Hille träumte schon davon: hier wird die Redaktion einer Weltzeitschrift eingerichtet. Er will gleich los, um den Sack zu holen, in dem seine gesammelten Werke auf Papierschnitzeln enthalten sind, und den er bei Freunden untergestellt hat. Otto Erich zahlt für zwei Monate die Miete im voraus. Beide sind glücklich: Otto Erich hat ein gutes Werk getan, und Peter Hille hat wieder für eine kurze Zeit die Möglichkeit, ein ordentliches Leben zu führen. — Am nächsten Morgen kommt Hartleben ungefähr zur selben Stunde den gleichen Weg durch den Tiergarten, nur daß es regnet. Auf der Bank liegt, wie tags zuvor, Peter Hille. Hartleben wird wütend und schimpft. Da fragt Hille: ‹Sag mal, hast denn du die Adresse behalten?› Und Hartleben muß zugeben: ‹Nein, ich auch nicht.›»

Man würde fehlgehen, wenn man aus solchen Anekdoten schließen würde, daß es sich um einen völlig versumpften Kreis gescheiterter Existenzen handelte. Die Genialität zahlreicher Individualitäten, die sich in diesem Berliner Milieu um die Jahrhundertwende begegneten, überwog weit die menschlichen Schwächen. Nicht nur Otto Erich Hartleben und Peter Hille waren überdurchschnittliche Persönlichkeiten. Besonders herzliche Beziehungen entwickelten sich zwischen Rudolf Steiner und dem Dichter Ludwig Jacobowski, dem Begründer der geselligen Vereinigung «Die Kommenden». Junge Künstler trugen in diesem Kreise ihre Erstlingsschöpfungen vor. Vorträge mannigfaltiger Art, an denen auch Steiner sich vielfach beteiligte, gaben den Zusammenkünften einen echten Erkenntniseinschlag. Aussprachen vertieften das Gehörte.

Ein zwangloses Zusammensein schloß den Abend. Ludwig Jacobowski war der Mittelpunkt des sich immer mehr vergrößernden Kreises. Jeder liebte die liebenswürdige, ideenerfüllte Persönlichkeit, die in dieser Gemeinschaft sogar feinen, edlen Humor entfaltete ... Er war eine Persönlichkeit, deren seelische Grundstimmung in innerer Tragik atmete. Dreißigjährig, am 2. Dezember 1900 — drei Monate nach Nietzsche (gest. 25. August) —, stirbt Jacobowski an einer Hirnhautentzündung. Rudolf Steiner ist tief betroffen. Er übernimmt die Aufgabe, dem Freunde die Begräbnisrede zu halten. Dann verwaltet er treuhänderisch seinen Nachlaß.

Einer anderen überragenden Persönlichkeit verband sich Rudolf Steiner in besonderer Freundschaft: John Henry Mackay, einem geborenen Schotten und seit 1898 «Wahlberliner». Für den gebildeten Bürger der Reichshauptstadt war Mackay eine beunruhigende Erscheinung. Hatte er doch einen Roman «Die Anarchisten» geschrieben, Schriften des umkämpften «Individualisten» Stirner herausgegeben und sich mit voller menschlicher Überzeugung für seine Lebensauffassung, die er selbst «individualistischen Anarchismus» nannte, eingesetzt. Grund genug für viele, ihn als höchst verdächtig anzusehen. Steiner hatte ihn schon in Weimar kennengelernt — und ihn als *durch und durch sympathische Persönlichkeit* liebgewonnen.

Mackay war von dem großen Zug einer weiten Welt umweht. *In seiner ganzen äußeren und inneren Haltung sprach Welterfahrung. Er hatte Zeiten in England, in Amerika zugebracht. Das alles war in grenzenlose Liebenswürdigkeit getaucht.*

Das Magazin

für Litteratur.

Begründet von Joseph Lehmann im Jahre 1832.

Herausgegeben von Rudolf Steiner und Otto Erich Hartleben.

Verlag von Emil Felber in Weimar.

Redaktion: Berlin W 30, Habsburgerstraße 11 I.

Erscheint jeden Sonnabend. – Preis 4 Mark vierteljährlich. Bestellungen werden von jeder Buchhandlung, jedem Postamt (Nr. 4548 der Postzeitungsliste), sowie vom Verlage des „Magazins" entgegengenommen. Anzeigen 40 Pfg. die viergespaltene Petitzeile.

Preis der Einzelnummer 40 Pfg.

67. Jahrgang. Berlin und Weimar, den 27. August 1898. Nr. 34.

Auszugsweiser Nachdruck sämtlicher Artikel, außer den novellistischen und dramatischen, unter genauer Quellenangabe gestattet.
Unbefugter Nachdruck wird auf Grund der Gesetze und Verträge verfolgt.

Inhalt:

Litteratur, Wissenschaft, Kunst und öffentliches Leben.

Rudolf Steiner, Ein patriotischer Aesthetiker . Sp. 793
Leopold Katscher, Eine Reminiscenz . . . „ 796
E. Brausewetter, Ein Weib als Dichterin

die Pflanze selbst über ihr Wesen aufklären könnte. Da sie aber nicht reden kann, ist es nicht möglich, über dieses Wesen etwas zu erfahren.

Es ist leicht, eine solche Ansicht zu widerlegen. Was wir Menschen das Wesen der Pflanze nennen, könnte nämlich die Pflanze niemals selbst aussprechen. Wir nennen dasjenige „Wesen der Pflanze", was wir fühlen und denken, wenn wir die Pflanze auf uns einwirken lassen. Was die Pflanze fühlt und denkt und in Gefühlen und Gedanken als ihr Wesen erkennt, kann uns

Vorübergehend mag Steiner zwischen seiner eigenen Darstellung des *ethischen Individualismus* in seiner *Philosophie der Freiheit* und dem «individualistischen Anarchismus» Mackays eine größere Übereinstimmung angenommen haben, als sie in Wahrheit bestand. Jedenfalls ist die Zeit der Freundschaft mit Mackay auch zugleich die Zeit der zugespitzten und aggressiven Formulierungen Steiners im Sinne einer absoluten Autonomie des freien Menschen und der Ablehnung jeglicher äußeren Autorität. In dieser Zeit war er im spirituellen Sinne gefährdet: *Damals nun, um 1898 herum, sollte meine Seele mit dem rein ethischen Individualismus in eine Art Abgrund gerissen werden. Er sollte aus einem reinmenschlich Innerlichen zu etwas Äußerlichem gemacht werden. Das Esoterische sollte ins Exoterische abgelenkt werden.*

Diese reale Versuchung, wir können auch sagen geistige Prüfung, wurde von Rudolf Steiner bestanden. Sein weiterer Lebensgang ist ein einziger Beweis dafür. Man meint, in die Seelenkämpfe Rudolf Steiners selbst hineinzuschauen, wenn man die Worte liest, die er für seinen Freund John Henry Mackay schreibt:

Mackays vornehmes Fühlen wurzelt in der Grundempfindung, daß die Persönlichkeit eine große Verantwortlichkeit sich selbst gegenüber hat. Demütige, hingebende Naturen suchen nach einer Gottheit, nach einem Ideale, das sie verehren, anbeten können. Sie können sich ihren Wert nicht selbst geben und möchten ihn daher von außen empfangen. Stolze Naturen erkennen in sich nur dasjenige an, was sie selbst aus sich gemacht haben ... Sie sind deshalb empfindlich gegen jeden fremden Eingriff in ihr Leben. Ihr eigenes Ich will eine

Dramaturgische Blätter

Erscheint jeden Sonnabend.

Organ des deutschen Bühnen-Vereins.

(Beiblatt zum Magazin für Litteratur.)

Preis 1.50 Mark vierteljährlich. Einzelnummer 15 Pfg.

Herausgegeben von Rudolf Steiner. — Redaktion: Berlin W 30, Habsburgerstraße 11 I.

Bestellungen werden von jeder Buchhandlung, jedem Postamt (Nr. 2086a der Postzeitungsliste), sowie vom Verlage des „Magazins" entgegengenommen.

1. Jahrgang. Berlin und Weimar, den 21. Mai 1898. Nr. 20.

Unbefugter Nachdruck wird auf Grund der Gesetze und Verträge verfolgt.

Das Wiener Theater.

Historisches und Modernes.

Von

W. Fred.

(Fortsetzung.)

Der Erfolg dieses Shakespeare-Zyklus muß ganz ungeheuer gewesen sein. Während noch in den unmittelbar vorhergegangenen Jahren über sehr schlechten Besuch des Burgtheaters selbst am Sonntag geklagt wurde, war zum Shakespeare-Zyklus an allen Abenden das Haus bis

wie die Rezensenten damals über Ibsen urteilten, was sie von ihm erwarten zu müssen glaubten und wie sie seine dramatischen Absichten auffaßten. Ludwig Speidel*) erklärt, daß das Stück gar keinen nordischen Charakter habe. Malitiös weist er Ibsen neben George Sand einen Platz an. Er erscheint als eleganter Geist französischer Salons. Nach Darstellung des dramatischen Konflikts heißt es in diesem Feuilleton: „Nun (. . . zur Lösung des Knotens . . .) gilt es, ein dichtender Nordlandsrecke zu sein, ein tragischer Poet, der vor der äußersten Konsequenz nicht zurückschreckt. Henrik Ibsen hält diese Probe nicht aus . . . ." Zum Schlusse meinte

Welt für sich sein, damit es sich ungehindert entfalten könne. Nur aus dieser Heilighaltung der eigenen Person kann die Schätzung des fremden Ich hervorgehen ... Eine vornehme, selbstsichere Natur ist Mackay. Und wer mit solchem Ernst wie er in die Abgründe der eigenen Seele hinuntersteigt, in dem erwachen Leidenschaften und Wünsche, von denen der Unfreie keine Vorstellung hat ... So schreibt nur jemand, der selbst in diese Abgründe geschaut hat.

John Mackay war auch Trauzeuge, als am 31. Oktober 1899 auf dem Standesamt Berlin-Friedenau *die Freundschaft mit Anna Eunike ... in eine bürgerliche Ehe umgewandelt wurde.* Anna Eunike war schon vor Steiner aus Weimar nach Berlin verzogen. Als er bald darauf dorthin folgte, nahm er zunächst eine eigene Wohnung, am Karlsbad, in der Nähe der Potsdamer Brücke. Doch nur kurze Zeit durchlebte er dort *das ganze Elend des Wohnens in einer eigenen Wohnung.* Dann zog er wieder zu Eunikes.

Diese Ehe ist — entgegen anderen unzutreffenden Aussagen — nie geschieden worden. Nach einer Trennung von Steiner durch mehrere Jahre starb Anna Steiner-Eunike am 19. März 1911. Zu ihrer Tochter Wilhelmine äußerte sie sich noch kurz vor ihrem Tode: «Die Zeit mit Rudolf Steiner ist doch die schönste meines Lebens gewesen.»

Eine wesentlich neue Note erhält das Leben Rudolf Steiners in Berlin durch seine Mitwirkung als Lehrer an der von Wilhelm Liebknecht begründeten Arbeiter-Bildungsschule. Mit wacher Unbefangenheit den politischen Zielsetzungen des Vorstandes dieser Schule gegenüber stellt er seine Kenntnisse und Lehrfähigkeit in den Dienst

John Henry Mackay (1864—1933)

dieser Proletarierschule. Es war die Zeit, in der viele suchende Arbeiter mit willentlicher Begeisterung nach Aufnahme von Bildung und Erkenntnis strebten. War es auch ein viel mißdeutetes Schlagwort «Wissen ist Macht», so war es doch kennzeichnend für den Emanzipationswillen der nach freiem Menschentum ringenden Arbeiterschaft.

Ich sah die schöne Aufgabe vor mir, gereifte Männer und Frauen aus dem Arbeiterstande zu belehren. Denn junge Leute waren wenige unter den «Schülern». Ich erklärte dem Vorstande, wenn ich den Unterricht übernähme, so würde ich ganz nach meiner Meinung von dem Entwicklungsgange der Menschheit Geschichte vortragen, nicht in dem Stil, wie das nach dem Marxismus jetzt in sozialdemokratischen Kreisen üblich sei. Man blieb dabei, meinen Unterricht zu wünschen. Selbstlos, ohne sich mit der materialistischen Weltanschauung der Schulleitung zu identifizieren, stellt sich Rudolf Steiner zur Verfügung. Die von ihm an dieser Arbeiterschule behandelten Themen reichen von der Geschichte des Mittelalters, der Französischen Revolution, der Neuzeit bis zur Darstellung der «Entwicklung des Weltalls und das soziale Leben der Tiere» und der «Anatomie des Menschen».

Noch gab es keinen «Acht-Stunden-Tag» — und keine «Vierzig-Stunden-Woche». Arbeitszeiten von 10—12 Stunden waren üblich. Um so größer war die Willensleistung der «Proletarier», noch abends von 9 bis 11 Uhr — und oft wurde es Mitternacht — bei denkbar geringen Schulvoraussetzungen mit Feuereifer zu lernen.

Rudolf Steiner, der bis zu fünf Abende in der Woche als Lehrer tätig war, konnte die Zahl seiner Hörer in einzelnen Kursen bis auf 200 steigern. Im Januar 1900 begann er zusätzlich «Redekurse» zu halten, in denen Arbeiter in der Fähigkeit des Vortragens geschult wurden. Emil Bock hat ein Dokument aus dieser Zeit aufgefunden, das unter dem Titel «Grete Lenz, ein Berliner Mädchen» erschien und etwas von der Stimmung dieser «Redekurse» wiedergibt:

«Als ich von der Arbeiter-Bildungsschule hörte, ging ich nach dem Engel-Ufer und meldete mich als Mitglied an. Ich wollte Nationalökonomie hören, aber die Sache kam mir so langweilig vor, daß ich von einem Vortrag genug hatte. Und er muß wohl auch sehr ermüdend gewesen sein, denn vor und hinter mir saßen ein paar Arbeiter, die einschliefen und so laut zu schnarchen anfingen, daß der Vortragende jedes Mal vor Schreck zusammenzuckte und in seiner Rede beinahe steckenblieb. Mehr Begeisterung erweckte Dr. Rudolf Steiner in mir, der die Arbeiter und Arbeiterinnen in die Redekunst einweihte. Jedes Mitglied durfte auf das Podium steigen und über irgendeinen Gegenstand sprechen, und Dr. Steiner verbesserte dann den Redner, wenn es etwas zu verbessern gab. Ich mußte oft staunen, wie gewandt und korrekt diese einfachen Leute sprachen.»

Höhepunkt in diesem Wirken Steiners in einem rein proletarischen Milieu wurde die Aufgabe, am 17. Juni 1900 vor 7000 Setzern und Druckern in einem großen Berliner Zirkus die Festrede zum 500-jährigen Gutenberg-Jubiläum zu halten. Er löste diese Aufgabe — ohne Lautsprecher! —, helle Begeisterung schlug ihm entgegen. Ein Beweis, daß man fehlginge, sich Rudolf Steiner um 1900 als einen «weltfernen Privatlehrer» vorzustellen.

Seinen eigenen Eindruck von der damaligen Situation der Arbeiterschaft faßt er zusammen:

Ich habe den Eindruck, wenn damals von Seite einer größeren Anzahl unbefangener Menschen die Arbeiterbewegung mit Interesse verfolgt und das Proletariat mit Verständnis behandelt worden wäre, so hätte sich diese Bewegung ganz anders entfaltet. Aber man überließ die Leute dem Leben innerhalb ihrer Klasse, und lebte selbst innerhalb der seinigen ... Es war die Zeit, in der die «höheren Klassen» das Gemeinschaftsgefühl verloren, in der der Egoismus mit dem wilden Konkurrenzkampf sich ausbreitete ... Es fehlte allmählich jede Brücke zwischen den verschiedenen Klassen.

Bis Anfang 1905 war Steiner an dieser Arbeiter-Bildungsschule tätig. Anderweitige Arbeitsüberlastung und Intrigen innerhalb des politischen Schulvorstandes machten eine weitere Fortführung dieser Arbeit unmöglich.

Wieder ein völlig anderer Menschenkreis, dem sich Rudolf Steiner in die-

Ludwig Jacobowski (1868—1900)

sen Jahren verband, lebte in den sogenannten «Friedrichshagenern». Bruno Wille und Haeckels Freund Wilhelm Bölsche waren hier tonangebend. Sie begründeten eine «Freie Hochschule», an der auch der liberale Theologe Theodor Kappstein mitwirkte, und den wirksamen «Giordano-Bruno-Bund». Vor allem in diesem gab es ein zentrales Thema, um das gerungen wurde: «Monismus». So verschieden nun wieder dieses Milieu von dem der «Freien literarischen Gesellschaft», dem der «Kommenden» oder auch der «Arbeiter-Bildungsschule» war, es ist doch stets der gleiche Vorgang. Rudolf Steiner gibt sich nach Kräften in den menschlichen und geistigen Zusammenhang, den er vorfindet, hinein. Er arbeitet aktiv mit, findet Anerkennung und Widerspruch, ist einer von ihnen und bleibt doch unter ihnen ein oft geliebter Gast – und Fremdling. Sein ureigenstes Anliegen wird weder verstanden noch aufgenommen.

So kommt es zu seinem klassischen Vortrag am 8. Oktober 1902 im Giordano-Bruno-Bund: *Monismus und Theosophie.*

Dieser Vortrag wirkte gleich einer Explosion. Das war für die guten Leute, die aus Haeckels «Welträtseln» sich einen gutbürgerlichen Monismus als Weltanschauung zurechtgezimmert hatten, in dem die Einheit auf Kosten des geistigen Reichtums der Welt gewonnen war, zu viel. Ein Monismus, der die materielle u n d geistige Seite der Welt gleichermaßen anerkannte, ging über den Horizont der meisten Hörer. Diesem «Sprengstoff» der Idee waren sie nicht gewachsen. Da stand nun Rudolf Steiner im Kreise so vieler ihm menschlich verbundener Freunde wieder völlig allein. Er hatte Farbe bekannt, die Fronten waren deutlich. Er hatte angeklopft, aber die Türen, die anfänglich geöffnet waren, verschlossen sich vor ihm. Sollte er nicht verstummen, mußte er andere Wege und andere Menschen suchen. Und er wollte und durfte nicht verstummen.

Rudolf Steiner als Lehrer an der Arbeiter-Bildungsschule, 1901

VON DER «THEOSOPHIE» ZUR «ANTHROPOSOPHIE»

Mit dem Bekenntnis zur *Theosophie,* d. h. zur Theosophie, wie er selbst sie aufgefaßt wissen wollte, waren Steiners Beziehungen zu den verschiedenen Lebenskreisen, in denen er in Berlin bislang gewirkt hatte, keinesfalls abgeschnitten. Wohl begegnete man ihm von einigen Seiten mit erhöhter Reserve, doch ward er auch fernerhin vielfach zu Vorträgen und Vortragsreihen aufgefordert. Allein im Kreise der «Kommenden» hielt er bis zum April 1903 siebenundzwanzig Vorträge über das Thema: *Von Zarathustra bis Nietzsche. Entwicklungsgeschichte der Menschheit an Hand der Weltanschauungen von den ältesten orientalischen Zeiten bis zur Gegenwart, oder Anthroposophie.* Da ist zum ersten Male von ihm das Wort gebraucht, das er später als Kennwort für seine eigene Geisteswissenschaft einsetzte: *Anthroposophie.* Als Wort und Bezeichnung finden wir es schon bei Immanuel Hermann Fichte, dem Sohne Johann Gottlieb Fichtes. Auch einer der Universitätslehrer Rudolf Steiners in Wien, Robert Zimmermann, der strenge systematische Theoretiker des Schönen, hatte das Wort «Anthroposophie» als Titel für sein grundlegendes Werk über Ästhetik gewählt. Aber seinen eigentlichen Klang sollte es erst in Verbindung mit dem Lebenswerk Rudolf Steiners erhalten.

Doch zunächst führt ihn sein Weg durch die Theosophische Gesellschaft. In aller Stille hatte er schon zuvor begonnen. Bald nach der Aufgabe der Redaktion des «Magazins für Litteratur» erhielt er auf Grund seines Nietzsche-Buches eine Aufforderung, in der «Theosophischen Bibliothek» des Grafen und der Gräfin Brockdorff (Kaiser-Friedrichstr. 54a) an zwei der allwöchentlichen Vortragsabende im September 1900 zu sprechen. Wenige Wochen zuvor war Friedrich Nietzsche (am 25. August) von seinem schweren Leiden erlöst worden. Ihm galt der erste Vortrag. Acht Tage später folgte *Goethes geheime Offenbarung.*

Mit beiden Vorträgen hatte er sich in die Herzen dieses zumeist aus Theosophen bestehenden Hörerkreises gesprochen. Und Rudolf Steiner hatte ein Forum gefunden, vor dem er, der eigentlichen Linie seines geistigen Strebens folgend, die Fundamente seines zukünftigen Wirkens legen konnte. Im Winter 1900/01 trägt er an 27 Abenden das vor, was anschließend in dem Buch *Die Mystik im Aufgange des neuzeitlichen Geisteslebens und ihr Verhältnis zur modernen Weltanschauung* im Druck erscheint.

An gleicher Stelle folgen vor demselben Hörerkreis im Winter 1901/02 wieder 25 Abende, deren Inhalt er in dem Buche *Das Christentum als mystische Tatsache* zusammenfaßt. Beide Werke gehören heute noch zu dem wesentlichen «Vorhof» der Anthroposophie. Aus beiden Werken aber wird auch deutlich, wie bewußt Rudolf Steiner im Gegensatz zu der aus dem Osten stammenden Theosophie seinen geistigen Ansatz im Geistesleben Europas und in die Fortführung dessen setzt, was dem Abendlande Inhalt und Stärke gegeben hat: das Christentum.

Niemand blieb im Unklaren darüber, daß ich in der Theosophischen Gesellschaft nur die Ergebnisse meines eigenen forschenden Schauens vorbringen werde. Denn ich sprach es bei jeder in Betracht kommenden Gelegenheit aus. Und als in Berlin im Beisein von Annie Besant die «Deutsche Sektion der Theosophischen Gesellschaft» begründet und ich zu deren General-Sekretär gewählt wurde, da mußte ich von den Gründungssitzungen weggehen, weil ich einen der Vorträge vor einem nicht-theosophischen Publikum zu halten hatte, in dem ich den geistigen Werdegang der Menschheit behandelte, und bei denen ich im Titel: «Eine Anthroposophie» ausdrücklich hinzugefügt hatte. Auch Annie Besant wußte, daß ich, was ich über Geistwelt zu sagen hatte, damals unter diesem Titel in Vorträgen vorbrachte.

Als ich dann nach London zu einem theosophischen Kongreß kam, da sagte mir eine der leitenden Persönlichkeiten, in meinem Buche «Die Mystik ...» stünde die wahre Theosophie. Ich konnte damit zufrieden sein. Denn ich hatte nur die Ergebnisse meiner Geistesschau gegeben; und in der Theosophischen Gesellschaft wurden diese angenommen. Es gab nun für mich keinen Grund mehr, vor dem theosophischen Publikum, das damals das einzige war, das restlos auf Geist-Erkenntnis einging, nicht in meiner Art, diese Geist-Erkenntnis vorzubringen. Ich verschrieb mich keiner Sektendogmatik; ich blieb ein Mensch, der aussprach, was er glaubte aussprechen zu können ganz nach dem, was er selbst als Geistwelt erlebte.

Bei diesen Vorträgen erschien eines Tages als Zuhörerin Marie von Sivers, die dann durch das Schicksal ausersehen ward, die Leitung der bald nach Beginn meiner Vorträge gegründeten «Deutschen Sektion der Theosophischen Gesellschaft» mit fester Hand zu übernehmen. Innerhalb dieser Sektion konnte ich nun vor einer sich immer vergrößernden Zuhörerschaft meine anthroposophische Tätigkeit entfalten.

Vom ersten Tage seines Wirkens an bestand zwischen dem, was als «Theosophie» durch Helena Petrowna Blavatsky und Annie Besant verbreitet worden war und den Lehren Rudolf Steiners sowohl in der Methode wie im Inhalt ein prinzipieller Unterschied. Nichts, aber auch wirklich gar nichts, ließ Steiner gelten, was nur aus okkulter Überlieferung stammte, wenn es nicht durch eigene Forschung neu gefunden wurde. In dieser Forschung aber ließ er nicht die geringste Ungenauigkeit zu, sondern verlangte die gleiche Strenge der Forschungsdisziplin, welche von der westlichen Wissenschaft auf allen anderen Gebieten erarbeitet worden ist. Um sich verständlich zu machen, bediente sich Steiner zwar in den ersten Jahren nach 1902, wenn auch mit Zurückhaltung, der östlich-theosophischen Terminologie, doch suchte er in der Folgezeit an die Stelle der orientalischen Ausdrücke neue, dem modernen Bewußtsein entsprechende Worte zu setzen.

Die entscheidende Differenz, die in den Jahren 1912/13 zum endgültigen Bruch mit der indisch-angelsächsischen Theosophie führte, lag in Steiners Stellung zum Christentum. Bei aller, zeitweise radikalen Ablehnung der historischen Formen und Dogmen der Kirchen, hat er zeit seines Lebens – wir erinnern nur an die Gespräche in Wien mit Pater Prof. Wilhelm Neumann um 1886 – in Jesus Christus und dem «Ereignis von Golgatha» das zentrale Geschehen der Erd- und Menschheitsgeschichte gesehen. Diese Sicht war den Theosophen wie Helena Petrowna Blavatsky, Annie Besant und H. S. Olcott fremd. Sie sahen in einer allgemeinen Synthese aller Religionen und ihrer gleichberechtigten Wahrheiten ein hohes Ideal, das sie durch verstehende Toleranz zu erreichen hofften.

Für die Einmaligkeit, welche in der Erscheinung des Gottessohnes Christus im Menschen Jesus von Nazareth auf Erden gelegen ist, bestand kein Verstehen und keine Anerkennung. Statt dessen proklamierte Annie Besant den Knaben Krishnamurti als die Reinkarnation Christi.

Aber seit 1906 kamen in der Gesellschaft, auf deren Führung ich nicht den geringsten Einfluß hatte, Betätigungen vor, die an die Auswüchse des Spiritismus erinnerten und die nötig machten, daß ich immer mehr betonte, daß der Teil dieser Gesellschaft, der unter meiner Führung stand, mit diesen Dingen absolut nichts zu tun habe. Den Gipfel erreichten diese Betätigungen, als dann von einem Hinduknaben behauptet wurde, er sei die Persönlichkeit, in der Christus in neuem Erdenleben auftreten werde. Für die Verbreitung dieser Absurdität wurde eine besondere Gesellschaft in der Theosophischen gebildet, diejenige vom «Stern des Ostens». Es war für mich und meine Freunde ganz unmöglich, die Mitglieder dieses «Sternes des Ostens» so als Glied in die deutsche Sektion hereinzunehmen, wie diese es wollten und wie vor allem Annie Besant als Präsidentin der Theosophischen Gesellschaft das beabsichtigte. Und weil wir das nicht tun konnten, schloß man uns 1913 von der Theosophischen Gesellschaft aus. Wir waren genötigt, die Anthroposophische Gesellschaft als selbständige zu begründen.

Man sieht, die Trennung von der «Theosophischen Gesellschaft» ist veranlaßt durch ein besonderes Ereignis. In Wirklichkeit aber bestand sie vom ersten Augenblick des Zusammenwirkens. Gleichsam an der richtigen Nahtstelle entstand der Riß: dort, wo es für und gegen das Christusgeschehen in seiner absoluten Sonderbedeutung für die Menschheit ging.

Andererseits muß aber auch gesagt werden, daß Rudolf Steiner den Wahrheitskern der uralten Weisheit des Orients hoch achtete. Nur war er davon durchdrungen, daß diese hohen Traditionsgüter Asiens nicht in der Lage sind, den heute in der zivilisierten Menschheit tonangebenden Geist des naturwissenschaftlichen Materialismus zu überwinden. Dazu wird eine Kraft benötigt, die aus diesem Gei-

Marie von Sivers, später Rudolf Steiners zweite Frau, um 1910

ste des Abendlandes selbst gewonnen ist. Der Wink des namenlosen «Meisters» (siehe Seite 26): «Den Drachen überwindet nur, wer selbst in die Haut des Drachen schlüpft», wies die Richtung.

Die moderne Naturwissenschaft ist keine Fehlentwicklung der Menschheit, wie es z. B. heute der Atomphysiker Jordan lehrt, sondern der Golgathaweg des menschlichen Intellektes, der durch Spiritualisierung des Denkens seine Auferstehung, sein Ostern erleben soll. Dazu reicht die Kraft und Substanz der durch die Hauptwerke von Helena Petrowna Blavatsky «Die entschleierte Isis» und «Die Geheimlehre» begründeten Theosophie nicht aus. Für ihre Zeit hat sie schon einiges bedeutet und manchen Geistsucher im Zeitalter des Materialismus auf seine Bahn gebracht. Im großen gesehen bedeutet aber das zunehmende Angebot orientalischer Weisheit für den Europäer eine einzige Versuchung, seinen eigenen Weg nicht bis zum Endziele zu gehen. Man denke an die verschiedenartigen Yoga-Systeme, mit denen heute das Abendland geradezu überschwemmt wird. Wir «Westländer» haben allen Grund, die Tiefe und spirituelle Höhe der heiligen Hinduschrift Bhagavadgita, die Upanischaden, der Vedanta und viele andere mit wirklicher Achtung anzuerkennen. Aber eine Lösung der uns aufgetragenen Probleme bieten sie ebensowenig wie die Werke eines Konfuzius, Laotse, Ramakrishna, Srī Aurobindo oder Sarvepalli Radhakrishnan.

In diesem Zusammenhange muß gesehen werden, daß die Theosophische Bewegung ihr Hauptquartier in Adyar bei Madras (Indien) hatte und primär aus orientalischen Quellen schöpfte. Rudolf Steiner ehrte den Osten, aber eine Lösung der Probleme des Westens erwartete er nicht von ihm.

West-Ost-Aphorismen von Rudolf Steiner

Der Ostmensch erlebte einst die Welt in sich und hat heute in seinem Geistesleben den Nachklang davon; der Westmensch steht im Anfange mit seinem Erleben und ist auf dem Wege, sich in der Welt zu finden. Wollte der Westmensch ein Yogi werden: er müßte zum raffinierten Egoisten werden, denn die Natur hat ihm das Selbstgefühl schon gegeben, das der Orientale nur erst traumhaft hatte; hätte der Yogi wie der Westmensch sich in der Welt suchen wollen: er hätte sein träumendes Erkennen in den unbewußten Schlaf eingeführt und wäre seelisch ertrunken.

Der Ostmensch sprach von der Sinnenwelt als von dem Schein, in dem auf geringere Art lebt, was er in vollgesättigter Wirklichkeit in seiner Seele als Geist empfand; der Westmensch spricht von der Ideenwelt als dem Schein, in dem auf schattenhafte Art lebt, was er in vollgesättigter Wirklichkeit mit seinen Sinnen als Natur empfindet. Was sinnliche Maja dem Ostmenschen war, ist sich selbst tragende Wirklichkeit dem Westmenschen. Was seelisch erbildete Ideologie dem Westmenschen ist, war sich selbst schaffende Wirklichkeit dem Ostmenschen. Findet der heutige Ostmensch in seiner Geist-Wirklichkeit die Kraft, um der Maja die Seinsstärke zu geben, und findet der Westmensch in seiner Natur-Wirklichkeit das Leben, um in seiner Ideologie den wirkenden Geist zu schauen: dann wird Verständigung kommen zwischen Ost und West.

Rudolf Steiner und Annie Besant (1847—1933) in München, 1907

Der Ostmensch hat keinen Sinn für das «Beweisen». Er erlebt schauend den Inhalt seiner Wahrheiten und weiß sie dadurch. Und was man weiß, das «beweist» man nicht. – Der Westmensch fordert überall «Beweise». Er ringt sich zu dem Inhalt seiner Wahrheiten aus dem äußeren Abglanz denkend hin und deutet sie dadurch. Was man aber deutet, das muß man «beweisen». – Erlöst der Westmensch aus seinen Beweisen das Leben der Wahrheit, dann wird der Ostmensch ihn verstehen. Findet der Ostmensch am Ende der Beweissorge des Westmenschen seine unbewiesenen Wahrheitsträume in einem wahren Erwachen, dann wird der Westmensch ihn in der Arbeit für den Menschenfortschritt als einen Mitarbeiter begrüßen müssen, der leisten kann, was er selbst nicht vermag.

(Geschrieben anläßlich des West-Ost-Kongresses in Wien 1922. Abgedruckt in: *Esoterisches und Meditatives – West-Ost-Aphorismen.*)

Helena Petrowna Blavatsky (1831–1891)
und Henry Steel Olcott (1832–1907)

DIE ANTHROPOSOPHIE

In dem Folgenden wird die Darstellung meines Lebensganges von einer Geschichte der anthroposophischen Bewegung schwer zu trennen sein. Diese Aussage Rudolf Steiners gilt für die beiden Jahrzehnte, etwa von 1905 bis zu seinem Tode 1925. Rastlos geistig und physisch tätig, erarbeitet er die *Anthroposophie* als Geisteswissenschaft, als Kunst und sozialen Impuls und sucht diese in Menschenseelen und Menschenkreisen zu verankern.

In vier aufeinanderfolgenden Phasen verläuft dieses Wirken für die Anthroposophie. Die eine bereitet die nächste vor, sie überschneiden sich zwar zeitlich, sind aber deutlich zu unterscheiden.

1. Die Ausarbeitung der Anthroposophie 1902–1909
2. Die Kunst 1910–1916
3. Die Zeit der Begründungen 1919–1923
4. Von der «Weihnachtstagung» bis zum Tode Rudolf Steiners 1924–1925

Die Ausbildung der Anthroposophie als Geisteswissenschaft (1902–1909)

Sogleich bei der Begründung der deutschen Sektion der Theosophischen Gesellschaft erschien es mir als eine Notwendigkeit, eine eigene Zeitschrift zu haben. So begründeten denn Marie von Sivers und ich die Monatsschrift «Lucifer». Der Name wurde damals selbstverständlich in keinen Zusammenhang gebracht mit der geistigen Macht, die ich später als Lucifer, den Gegenpol von Ahriman, bezeichnete ... Es sollte der Name einfach «Lichtträger» bedeuten.

Später erfuhr die an Bestellern schnell zunehmende Zeitschrift noch eine Vergrößerung durch die Hinzunahme der Wiener Zeitschrift «Gnosis». Darauf erfolgte die Titeländerung in «Lucifer-Gnosis».

In dieser Arbeit steht Marie von Sivers ihm zur Seite. *Marie von Sivers hat das alles dadurch möglich gemacht, daß sie nicht nur nach ihren Kräften materielle Opfer gebracht, sondern auch ihre gesamte Arbeitskraft der Anthroposophie gewidmet hat. – Wir konnten wirklich anfangs nur aus den primitivsten Verhältnissen heraus arbeiten. Ich schrieb den größten Teil des «Lucifer». Marie von Sivers besorgte die Korrespondenz. Wenn eine Nummer fertig war, dann besorgten wir selbst das Fertigen der Kreuzbände, das Adressieren, das Bekleben mit Marken und trugen beide persönlich die Nummern in einem Waschkorbe zur Post.* «Lucifer-Gnosis» florierte, die Zahl der Abonnenten wuchs – dennoch mußte ihr Erscheinen 1908 eingestellt werden. Das Übermaß an Arbeit, vor allem durch die sich immer

Hiedurch wird freundschaftlich
eingeladen zu dem

Vortrags-
Cyclus

welchen Dr. Rudolf
Steiner
in Helsingfors
in der Zeit vom 3. bis zum
14. April 1912 halten wird

Anmeldungen und Wünsche bezüglich der Unterkunft werden erbeten an Herrn Dr. Edvard Selander, Hoplaks Helsingfors (Sprechstunden vom 30. März an täglich von 6—7 Uhr Boulevardstr. 7 Teos. Bibliotek). Karten für den Cyclus á Rmk 12 = Fmk 15 daselbst zu haben

Programm zu dem Vortragszyklus in Helsinki, 1912

mehr ausweitende Vortragstätigkeit, zunächst vorwiegend in Deutschland, dann aber in ganz Europa, machte es Steiner unmöglich, als Redakteur einer regelmäßig erscheinenden Monatsschrift gleichzeitig tätig zu sein.

Und so stellte sich denn die merkwürdige Tatsache ein, daß eine Zeitschrift, die mit jeder Nummer an Abonnenten gewann, einfach durch Überlastung des Redakteurs nicht weiter erscheinen konnte.

Das Zentrum seines Wirkens blieb Berlin. Dort — in der Motzstraße 17 — behielt er bis über den Ersten Weltkrieg hinaus seinen Wohnsitz. Von dort aus unternahm er die zahllosen Reisen. (Siehe

Programm

Vortrags-Cyclus

Die geistigen Wesenheiten in den Himmelskörpern und Naturreichen

in 10 Vorträgen, abgehalten im Saale des schwed. Normallyceum. 8 Uhr abends

Zwei **öffentliche Vorträge** im Solennitets-Saal der Universität:

1. Dienstag d. 9. April 8 Uhr abends
Das Wesen nationaler Epen mit speziellem Hinweis auf Kalevala
Eintrittskarten à Rmk 1:20 oder Fmk 1:50

2. Freitag d. 12. April 8 Uhr abends
Der Okkultismus und die Initiation
Eintrittskarten à Rmk 1:20 oder Fmk 1:50

Theosophen in Finnland

Zeittafel am Ende dieser Schrift.) In Berlin wurde auch der Philosophisch-Theosophische (später Philosophisch-Anthroposophische) Verlag begründet. Dessen Leitung lag in Händen von Marie von Sivers. Erst 1923 wurde die Wohnung in der Motzstraße aufgelöst und der Verlag nach Dornach übergeführt.

Sowohl durch die Aufsätze in «Lucifer» wie in «Lucifer-Gnosis» wie in den Vortragsreihen wurde zum erstenmal dargestellt, was in den Standardwerken der Anthroposophie seinen Niederschlag gefunden hat.

An Fichte schließt das erste Standardwerk an, durch das Rudolf Steiner die Anthroposophie für die Öffentlichkeit begründet: «Diese Lehre setzt voraus ein ganz neues inneres Sinneswerkzeug, durch welches eine neue Welt gegeben wird, die für den gewöhnlichen Menschen gar nicht vorhanden ist... Denke man eine Welt von Blindgeborenen, denen darum allein die Dinge und ihre Verhältnisse bekannt sind, die durch den Sinn der Betastung existieren. Tretet unter diese, und redet ihnen von Farben und den anderen Verhältnissen, die nur durch das Licht und für das Sehen vorhanden sind. Entweder ihr redet ihnen von Nichts, und dies ist das Glücklichere, wenn sie es sagen; denn auf diese Weise werdet ihr bald den Fehler merken, und, falls ihr ihnen nicht die Augen zu öffnen vermögt, das vergebliche Reden einstellen.» (Fichte 1813)

Rudolf Steiner erlebt die geistige Blindheit seines Zeitalters und glaubt zutiefst an die Möglichkeit der «Blindenheilung». Er stellt das Reden nicht ein. Mit allen ihm gegebenen Mitteln sucht er seiner Zeit die «Augen zu öffnen». Seine *Theosophie* ist sein erster direkter Versuch, nicht nur durch die Rede, durch Vortrag und persönliche Hilfe, sondern auch durch das Buch für seinen Teil das Sehvermögen des Geistes dem modernen Menschen zu erschließen.

Die Erstausgabe ist *dem Geiste Giordano Brunos gewidmet*, jenem Manne, der als geistige Frühgeburt für sein Weltbild den Opfertod (1600) durch die Kirche erlitt.

Manche Gedanken, die Steiner in seinem Buche ausspricht, klingen schon bei Bruno mehr oder weniger deutlich auf. So die Idee der wiederholten Erdenleben.

Die *Theosophie* als Buch enthält die Darstellung von Mensch und Welt nach dem *Schlüssel der Drei* gegliedert. Leib, Seele und Geist des Menschen sind aus drei Grundbereichen der Welt heraus gebildet. Der gesunde Mensch erlebt sich als in sich geschlossene Persönlichkeit. Nichtsdestoweniger gehört er drei Daseinsbezirken an:

1. Der Leib der Leibes- oder Sinneswelt,
2. Die Seele der Seelenwelt,
3. Der Geist dem Geisterland.

Dem «geistig Blinden» gilt nur die erste Daseinsschicht, die Sinneswelt, als real. Die Seelenwelt erlebt er schattenhaft, das Geisterland ist ihm unwirklich. Demgegenüber schildert Steiner die drei Bereiche bei aller Verschiedenheit jeden in seiner Weise seiend und wirksam. So wenig der Leib des Menschen isoliert ohne physische Umwelt existierend gedacht werden kann, so wenig ist auch die subjektiv sich erlebende Seele ohne objektive Seelenumwelt und der individuelle Geist ohne geistige Umwelt vorhanden. Alle drei Welten sind in und um den Menschen in sich differenziert, vielschichtig.

Diese *Theosophie* ist als *Einführung in übersinnliche Welterkenntnis und Menschenbestimmung* geschrieben. Ihre Disposition vermittelt eine gute Übersicht des Inhaltes:

Das Wesen des Menschen
Wiederverkörperung des Geistes und Schicksal
(Reinkarnation und Karma)
Die drei Welten
(Physische Welt, Seelenwelt, geistige Welt)
Der Pfad der Erkenntnis

Wie man Bücher in unserem Zeitalter zu lesen pflegt, kann dieses nicht gelesen werden. In einer gewissen Beziehung wird von dem Leser jede Seite, ja mancher Satz e r a r b e i t e t werden müssen. (Aus der Vorrede.)

In diesem Buche soll eine Schilderung einiger Teile der übersinnlichen Welt gegeben werden. Wer nur die sinnliche gelten lassen will, wird diese Schilderung für ein wesenloses Phantasiegebilde halten. Wer aber die Wege suchen will, die aus der Sinnenwelt herausführen, der wird alsbald verstehen lernen, daß menschliches Leben nur Wert und Bedeutung durch den Einblick in eine andere Welt gewinnt.

Mit diesen Sätzen ist das geistige Programm umrissen, durch das *Welterkenntnis und Menschenbestimmung* im Sinne Steiners zueinander gehören. Welterkenntnis als Betätigung der intellektuellen Neugier ist für die Gewinnung einer Einsicht in wesenhafte Menschenbestimmung ohne Belang – mag sie für technische Erfindungen noch so viel beitragen. Voraussetzung im Sinne Steiners ist, daß keine Aussage erfolgt, die nicht erfahrene Wirklichkeit ist. «Spirituellen Realismus», so könnte man seine weltanschauliche Zielsetzung nennen. *Der Verfasser dieses Buches schildert nichts, wovon er nicht Zeugnis ablegen kann durch Erfahrung, durch eine solche Art von Erfahrung, die man in diesen Gebieten machen kann. Nur in diesem Sinne Selbsterlebtes soll dargestellt werden.*

Wer Rudolf Steiner bei Lebzeiten begegnet ist, wird den Eindruck bestätigen, daß er eine solche Aussage über sich selbst mit innerer Berechtigung machte: *Ich werde nie über irgend etwas Geistiges sprechen, das ich nicht aus unmittelbarster geistiger E r f a h r u n g kenne. Das ist mein Leitstern. Und das hat mir über alle Illusionen hinweggeholfen.* (Aus einem Brief.)

Gleichsam das Herzstück der Theosophie ist das Kapitel über *Wiederverkörperung des Geistes und Schicksal.* Auf wenigen Seiten wird die älteste Lehre der Menschheit, die heute noch den Orient weitgehend beherrscht, in abendländischer Gedankenform neu ausgesprochen. Es geschieht dies ohne jeden Bezug auf die Vergangenheit. Selbst Lessing, der als erster der Neuzeit in seiner Schrift über die «Erziehung des Menschengeschlechts» diese Lehre in fragender Gedankenform vorträgt, wird nicht als Kronzeuge gebracht. Ohne Anleihe und Stützung durch geschichtliche Autoritäten spricht Steiner seine eigene, geistige Erfahrung aus:

Der Menschengeist muß sich immer wieder und wieder verkörpern; und sein Gesetz besteht darin, daß er die Früchte des vorigen Le-

bens in die folgenden hinübernimmt. Die Seele lebt in der Gegenwart. Aber dieses Leben in der Gegenwart ist nicht unabhängig von den vorhergehenden Leben. Der sich verkörpernde Geist bringt ja aus seinen vorigen Verkörperungen sein Schicksal mit. Und dieses Schicksal bestimmt das Leben. Welche Eindrücke die Seele wird haben können, welche Wünsche ihr werden befriedigt werden können, welche Freuden und Leiden ihr erwachsen: das hängt davon ab, wie die Taten in den vorhergehenden Verkörperungen des Geistes waren... Der Leib unterliegt dem Gesetz der Vererbung; die Seele unterliegt dem selbstgeschaffenen Schicksal. Man nennt dieses von dem Menschen geschaffene Schicksal sein Karma. Und der Geist steht unter dem Gesetze der Wiederverkörperung, oder Reinkarnation...

Ewig ist der Geist; Geburt und Tod waltet nach den Gesetzen der physischen Welt in der Körperlichkeit; das Seelenleben, das vom Schicksal bestimmt wird, vermittelt den Zusammenhang von beiden während eines irdischen Lebenslaufes.

Im Laufe seiner Wirksamkeit hat Rudolf Steiner eine Fülle von konkreten Beispielen gegeben, durch die er diese Lehre unterbaut. Allein im Jahre 1924, dem letzten Jahre, in dem sein Gesundheitszustand ihm noch eine Vortragstätigkeit erlaubte, hat er mehr als sechzigmal «Karma-Betrachtungen» gehalten. Diese Darstellungen sind durchzogen von Warnungen, nicht durch intellektuelle Spintisiererei die Zusammenhänge zwischen zwei verschiedenen Erdenleben ergründen zu wollen. Mit Ironie und Ernst pflegte er das leichtfertige Erklügeln von Zusammenhängen zwischen verschiedenen Erdenleben zu geißeln. Nur ernsthafte spirituelle Erfahrungen ließ er für die Findung von Einsichten in frühere Erdenleben gelten. Selbst diese dürfen dann nur mit äußerster geistiger Behutsamkeit von einem Fall auf einen anderen übertragen werden. Doch gibt es gewisse Grundgesetze wie:

Wer viel lügt, oder Neigung hat, leichten Herzens dieses oder jenes anzunehmen, der wird ein leichtsinniger Mensch in der nächsten oder einer nächsten Inkarnation werden, denn was wir denken, wie wir denken, wie wir uns zur Wahrheit stellen, was also in dieser Inkarnation innerlich ist, das wird das Maß des Verhaltens in unserer nächsten Inkarnation bilden.

Im Laufe seines Lebens gab Steiner viele solcher Schicksalsbeispiele, nach denen aus der Saat in einem Leben die Frucht im nächsten und dann folgenden mit Notwendigkeit reift. Aus selbstloser Liebe erwächst Freude und diese verwandelt sich in der dritten Inkarnation in die natürliche Lebensneigung eines *offenen Herzens.* Das Gegenbild dazu: Aus Haß und Antipathie erwächst Leid, das seinerseits die natürliche Anlage zur Torheit, zu stumpfem Seelenleben in der dritten Inkarnation bewirken kann. In diesem Sinne unterliegt das Karma ehernen Notwendigkeiten. Aber es ist möglich, in dieselben durch Erziehung und Selbsterziehung regulierend einzugreifen. So wie ein Fluß sein natürliches Strombett hat und man dieses durch menschliche Maßnahmen regulieren kann, so hat auch der

Mensch die Möglichkeit und Freiheit, in den Notwendigkeitsstrom seines Schicksals regulierend einzugreifen.

Diese Lehre von *Reinkarnation und Karma,* von der Wiederverkörperung und dem Schicksalsgesetz ist im Zusammenhang mit der *Christologie* das eine Kernstück der Anthroposophie. Rudolf Steiner ist durchdrungen davon, daß diese Idee dem abendländischen Menschen und damit der Menschheit überhaupt Sinn und Ziel zu geben vermag. *So wie einmal eine Zeit reif geworden ist, um die Kopernikanische Weltanschauung aufzunehmen, so ist unsere Zeit reif geworden, die Lehre von Reinkarnation und Karma zum allgemeinen Bewußtsein zu bringen ...*

Von Christian Morgenstern, dem Schüler Steiners, gibt es aus dem Jahre 1911 eine Tagebuchnotiz, die in die gleiche Richtung weist:

«Die Lehre von der Reinkarnation ... ist längst da. Aber sie mußte eine Weile beiseite gelassen werden — die ganze europäische Zivilisation geht auf dies Beiseitelassen zurück. Jetzt hat dieser Zyklus das Seine erfüllt, jetzt darf sie, als eine unermeßliche Wohltat, in den Gang der westlichen Entwicklung wieder eintreten. In einem Sinne, der erst jetzt möglich ist, zweitausend Jahre nach der Erscheinung des Christus, in einem ganz anderen Sinne als je zuvor, wird sie jetzt von neuem die Menschheit befruchten, erleuchten, erlösen ...»

In der *Theosophie* beschreibt Steiner auch zum erstenmal das vier- bzw. sieben-gliedrige Menschenwesen, von dem wir hier eine kurze Übersicht vermitteln möchten.

In der Natur führen drei Stufen zum Menschen hinauf: Mineral, Pflanze und Tier. Diese drei Naturreiche sind Sichtbarmachungen von drei Daseinsbezirken, denen auch der Mensch angehört.

Man denke sich gleichzeitig und nebeneinander:

einen Bergkristall
eine erblühende Rose
ein aufgescheuchtes Reh.

Man lasse diese drei Naturwesen als reine Phänomene auf sich wirken. Der Bergkristall als Vertreter der mineralischen Welt ist seinem Wesen nach ein toter Raumkörper. Er besteht aus dem «nebeneinander» seiner Teile, der Substanz nach einer Verbindung der chemischen Elemente Silicium und Sauerstoff ($Si\ O_2$) und geformt nach den Gesetzen der Physik (hexagonal-sechskantig).

Die Rose als Repräsentant des Pflanzenreiches hat zwar auch einen, wenn auch stets die Gestalt wechselnden Raumkörper. Ihrem Wesen nach aber ist sie ein lebendiges Zeitwesen, das sich im «nacheinander» von Same-Sproß-Blüte-Frucht entwickelt.

Das Reh gehört wie jedes Tier dreierlei Bezirken an. Gleich dem Mineral hat es seinen Raumkörper, seinen Leib, der am Ende des Lebens als Kadaver zurückbleibt. Gleich den Pflanzen entwickelt es sich als ein Zeitwesen: Embryo-Kitze-Ricke, das durch Empfängnis und Tod eingegrenzt ist. Als drittes tritt hinzu, was Mineral und Pflanze nicht zeigen: Trieb, die Fähigkeit des Fühlens von Lust und Unlust, die Instinkte.

Beim Menschen tritt als viertes Wesensglied das «Ich» auf, das sich denkend, fühlend und wollend betätigen kann.

Insofern der Mensch einen Leib an sich trägt, der im Tode zum Leichnam wird, gehört er der mineralischen Welt an. Dieses Glied nennt Steiner den *physischen Leib*. Insofern der Mensch lebendes Wesen ist, das durch die Zeit geht, und in dem Wachstum, Fortpflanzung, Stoffwechsel, Zirkulation usw. vor sich gehen, gleicht er der Pflanze. Dieses zweite Wesensglied, das dem entspricht, was Aristoteles eine vegetative Seele nennt, dieses System von bildenden Kräften wird genannt: *Aether-Leib*. Als begehrendes, von Leidenschaften getriebenes Wesen, das Lust und Unlust empfindet, ist der Mensch Tier-verwandt. Diese mehr «animalische Seele» im Sinne von Aristoteles wird genannt: *Astral-Leib*. Das vierte Glied, durch das der Mensch zum Menschen wird, dessen Besitz ihn von den Naturreichen unterscheidet und durch das er sich als *Geist unter Geistern* betätigen kann, das ist *Das Ich*.

Man sieht, die Darstellung des *viergliedrigen Menschenwesens* widerspricht nicht der Trichotomie von Leib, Seele und Geist. Sie differenziert den Leib in den Teil, der dem mineralischen Bereich der Erde entnommen ist und im Tode zu diesem wieder zurückkehrt und den Lebensbereich, der seinem Wesen nach unsinnlich, über-sinnlich, d. h. ätherisch ist.

Der Ausdruck *Astral-Leib* für die Seele ist zunächst ungewohnt, jedenfalls für den, dem die Werke eines Paracelsus, Jakob Böhme u. a. fremd sind. Daß Steiner diesen Ausdruck der «Mystik» beibehalten hat, wird seinen Grund in der Abhängigkeit des tierischen und menschlichen Seelenlebens von Sterneneinflüssen (die Teilberechtigung der Astrologie!) haben. Denn *Astral-Leib* heißt ja übersetzt: Sternen-Leib. In der *Theosophie* gibt Steiner überdies eine weiter differenzierende Beschreibung der menschlichen Seelenschichten innerhalb des Astral-Leibes:

niederer Astralleib (verbunden mit Nahrungs- und Fortpflanzungstrieb)
Empfindungsseele
Verstandesseele
Bewußtseinsseele.

Insofern das menschliche Ich an den eigenen niederen Wesensgliedern läuternd und wandelnd arbeitet, entstehen drei Anlagen zu höheren Wesensgliedern, die über das «Ich» hinausführen und mit dem Göttlichen verbinden.

Der letzte Abschnitt des Buches *Theosophie* ist überschrieben: *Pfad der Erkenntnis* – und damit ist ein anderes Kernstück der Anthroposophie zur Darstellung gebracht, ohne dessen Verständnis alles andere in der Luft hinge.

Wer seine Weltanschauung auf geistige Wahrnehmungen gründen will, muß sich sicher sein, daß diese Wahrnehmungen nicht nur subjektiven Charakter haben. Er muß die Fähigkeit haben, in gleicher

Weise Illusionen, Halluzinationen, Trugbilder aller Art von der Wirklichkeit zu unterscheiden, wie es ein Mensch, der nur die Sinneswelt gelten läßt, für seine Daseinssphäre braucht, wenn er seelisch gesund bleiben will. Wenn schon ein Naturwissenschaftler einer gründlich methodischen Schulung bedarf, um auf seinem Felde zu objektiven Ergebnissen zu gelangen, wieviel mehr bedarf ein Geisteswissenschaftler im Sinne Rudolf Steiners der stetigen methodischen Seelenschulung und Übung, um geistige Objektivität zu erlangen. Schwarmgeisterei, Neigung zu Selbstbetrug, Autosuggestion aller Art müssen durchschaut und überwunden werden. Darum führt in allen echten «okkulten» Schulen der Vergangenheit «der Pfad der Erkenntnis» durch die «Läuterung», die «Reinigung» der menschlichen Seele, ehe von «Erleuchtung» die Rede sein kann. Unmittelbar nach Erscheinen der *Theosophie* wandte sich Steiner diesem anderen Hauptthema zu. In Aufsätzen, deren erster 1904 erschien, veröffentlicht er den Inhalt, der schließlich 1909 unter dem Titel *Wie erlangt man Erkenntnisse der höheren Welten?* in Buchform erschien.

Wie erlangt man Erkenntnisse der höheren Welten? (1904–1909)

Es hat zuvor wohl eine Reihe Schriften aus dem theosophisch-indischen Zusammenhange gegeben, die Ratschläge über okkulte Schulung enthalten. Soweit wir sehen, hat es aber im Abendland kein Buch gegeben, das mit diesem zweiten anthroposophischen Standardwerk vergleichbar ist. Von seiten östlicher Okkultisten wurde diese Veröffentlichung seiner Zeit geradezu als «Mysterienverrat» angesehen.

Es schlummern in jedem Menschen Fähigkeiten, durch die er sich Erkenntnisse über höhere Welten erwerben kann. Wer so denkt und spricht, durchbricht die Jahrtausende alte Tradition, nach welcher das «geheime Wissen» nur in abgeschirmten, esoterischen Zirkeln geschützt leben darf. Rudolf Steiner geht von der umgekehrten Voraussetzung aus. Für ihn ist das Zeitalter endgültig abgelaufen, in dem ein kleiner Kreis von wissenden Eingeweihten, streng getrennt von allen übrigen mehr oder weniger traumbefangen Unwissenden, die Geschichte aus dem Verborgenen zu lenken sucht. «Es ist an der Zeit!» sagt der «Mann mit der Lampe» in Goethes esoterischem Märchen. Es ist an der Zeit! – das war auch Rudolf Steiners Grundimpuls.

Das allgemeine menschliche Bewußtsein muß sich heute in aller Öffentlichkeit geistigen Wahrheiten erschließen und den Weg von der Naturwissenschaft und ihrer von ihm stets anerkannten Kenntnis der Sinneswelt zur Geisteswissenschaft und damit zur Kenntnis der Seelen- und Geisteswelt fortschreiten. Dazu aber bedarf es der übenden Schulung. Diese nimmt mit dem «Pfad der Verehrung», der Devotion ihren Anfang. Ohne die Pflege der Gefühle der substantiellen Ehrfurcht, der Andacht, der Verehrung bildet sich in der Seele kein Nährboden für inneres Wachstum. Zynismus, Spott, Kritiksucht sind Feinde höherer Entwicklung. Nicht blinde Ehrfurcht, wie sie für Kinder segensreich sein kann, ist gemeint, sondern *Verehrung gegenüber Wahrheit und Erkenntnis.*

Die Erfahrung lehrt, daß diejenigen Menschen am besten verstehen, das Haupt frei zu tragen, die verehren gelernt haben, wo Verehrung am Platze ist. Und am Platze ist sie überall da, wo sie aus den Tiefen des Herzens entspringt.

Und für die Seele sind Gefühle das, was für den Leib die Stoffe sind, welche seine Nahrung ausmachen ... Für die Seele sind Verehrung, Achtung, Devotion nährende Stoffe, die sie gesund, kräftig machen: vor allem kräftig zur Tätigkeit des Erkennens.

Man darf sagen, daß dieses Buch auch für den, der keineswegs gewillt ist, «Geistesschüler» zu werden, doch geradezu ein Kompendium von Ratschlägen zur Gesundung des seelischen Lebens sein kann und vielfach auch heute schon geworden ist. Nur einige Leitsätze mögen hier Platz finden:

Höhe des Geistes kann nur erklommen werden, wenn durch das Tor der Demut geschritten wird.

Begegne ich einem Menschen und tadle ich seine Schwächen, so raube ich mir höhere Erkenntniskraft; suche ich liebevoll mich in seine Vorzüge zu vertiefen, so sammle ich solche Kraft.

Jede Erkenntnis, die du suchst, nur um dein Wissen zu bereichern, nur um Schätze in dir anzuhäufen, führt dich ab von deinem Wege; jede Erkenntnis aber, die du suchst, um reifer zu werden auf dem Wege der Menschenveredelung und der Weltentwicklung, die bringt dich einen Schritt vorwärts.

Jede Idee, die dir nicht zum Ideal wird, ertötet in deiner Seele eine Kraft; jede Idee, die aber zum Ideal wird, erschafft in dir Lebenskräfte.

Richte jede deiner Taten, jedes deiner Worte so ein, daß durch dich in keines Menschen freien Willensentschluß eingegriffen wird.

Schaffe dir Augenblicke innerer Ruhe und lerne in diesen Augenblicken das W e s e n t l i c h e von dem U n w e s e n t l i c h e n unterscheiden.

Man wird immer finden, daß diejenigen, die wirklich wissen, die bescheidensten Menschen sind, und daß ihnen nichts ferner liegt als dasjenige, was die Menschen Machtgelüste nennen.

Auch der Weiseste kann unermeßlich viel von Kindern lernen.

Kann man etwas nicht verstehen, dann urteile man lieber gar nicht, als daß man verurteile.

Alle Vorurteile müssen von dir fallen.

Ohne gesunden Menschenverstand sind alle deine Schritte vergebens.

Verstehe über deine geistigen Gesichte zu schweigen.

Goldene Regel ist: wenn du einen Schritt vorwärts zu machen ver-

suchst in der Erkenntnis geheimer Wahrheiten, so mache zugleich drei vorwärts in der Vervollkommnung deines Charakters zum Guten.

Diesen Pfad des inneren Wachstums zu gehen, ist in der Regel nur dem möglich, der mit Energie und Ausdauer sich bemüht, Herr seiner Gedanken, Gefühle und Willensregungen zu werden. Die Mittel zu einer solchen Selbstkontrolle und eigener spiritueller Tätigkeit sind in dem in aller Stille zu übenden meditativen Leben zu finden. Durch eine solche, mit innerer Energie betriebene Übung von Konzentration und Meditation kann auch ein Abendländer nach dem Grade seiner Entwicklung Erkenntnisse höherer Welten erlangen. Als eine helfende Anleitung für Suchende in dieser Richtung hat Rudolf Steiner dieses Buch geschrieben.

Von seiten der Theologen beider Konfessionen ist eingewandt worden, daß der meditative Pfad geistiger Übungen ein Weg der «Selbsterlösung» sei, welcher der christlichen Grundlehre von Gnade und Erlösung durch Jesus Christus widerspreche. Dieser Einwand liegt nahe. Ist doch in allen Anweisungen, die Rudolf Steiner Übenden gegeben hat, immer von dem die Rede, was der Mensch tut und tun kann. Und das ist auch das primäre Anliegen Steiners, daß der Mensch das Leben nicht passiv hinnimmt, sondern ein Höchstmaß an schöpferischer Aktivität entwickelt. Aber worauf erstreckt sich diese innere Aktivität? Neben anderen zu entwickelnden Fähigkeiten soll sie dem seelisch ausgehöhlten Menschen der Gegenwart das Vermögen der inneren Ruhe, des Hören- und Lauschen-Könnens, des Verehrens und der Andacht wiedergeben. Auf diesem Wege begegnet er der göttlichen Gnadenmacht, die so notwendig für das Wachstum der Seele ist wie die Sonne für die Pflanze. Gerade auf dem Erkenntnisfelde gilt das Gesetz: Niemand kann sich höhere Erkenntnis aneignen, der sie nicht empfängt. Und dieses Empfangen-Können bedeutet vor allem die Fähigkeit der Geduld, des Warten-Könnens, der Erwartung zu pflegen. Erkenntnisgier verdirbt den nach Erkenntnis Strebenden.

Da ist es notwendig, daß, wenn man auch nicht viel redet über den Begriff der Gnade, man ihn praktisch aber sehr übt.

Diese «Begier des Erkennens» zu unterdrücken, ist notwendig für die heutige Zeit. Man soll sich vielmehr sagen: Die Gnade hat mir eine gewisse Anzahl von Wahrheiten gebracht, und ich werde geduldig warten, bis weitere Wahrheiten mir zuströmen.

Das ist eine praktische Lehre in bezug auf die Erforschung der geistigen Welten, besonders in ihrem Verhältnis zu dem Christus-Ereignis. Es ist grundfalsch, wenn die Menschen glauben ergreifen zu können, was ihnen in einer gewissen passiven Weise zuströmen soll. Denn dessen müssen wir uns bewußt sein, daß wir das, was wir sein sollen, doch nur sein können, insofern wir von den geistigen Mächten gewürdigt werden, dies oder jenes zu sein. Und alles, was wir tun können an Meditationen, Kontemplationen usw. ist im Grunde genommen nur dazu da, um unsere Augen zu öffnen, nicht um die Wahrheiten zu ergreifen, die zu uns kommen müssen, denen wir nicht nachlaufen dürfen. (*Von Jesus zu Christus*, 4. Vortrag Karlsruhe 1911)

Der Mensch muß mit allen Kräften das Seinige tun. Dann kann er der «Gnade» vertrauen. Auch für Rudolf Steiner hat der Satz seine volle Gültigkeit: «Und aus seiner Fülle haben wir alle genommen Gnade um Gnade». (Joh. 1, 16)

Die Geheimwissenschaft im Umriss

In dem dritten Standardwerk, durch das Rudolf Steiner die Anthroposophie dargestellt hat, geht er über die beiden ersten vor allem durch eine umfassende Kosmologie hinaus. Dieses Buch erschien 1910 und brachte eine Zusammenfassung von vielem, was er in den vorangegangenen Jahren als Resultate seiner Geistesforschung in Lehrkursen nach und nach ausgebaut hatte. Sowohl das Haupt-Thema der *Theosophie*: das Wesen des Menschen, wie das von *Wie erlangt man Erkenntnisse der höheren Welten?* über den Schulungspfad wird von neuen Gesichtspunkten aus dargestellt. Hinzugefügt aber wird das Zentralkapitel: *Die Weltentwicklung und der Mensch.*

Der Titel *Geheimwissenschaft* kann leicht Mißverständnisse hervorrufen. Wenn «Geheimes» veröffentlicht wird, so handelt es sich um das, was zwar den Sinnen «geheim», verborgen (okkult) ist, aber vom Geiste zu Tage gefördert wird – also um «Offenbarungs-Wissenschaft» im exakten Sinne.

In der Vorrede setzt sich Steiner mit allen nur denkbaren Ein- und Vorwürfen auseinander, die einem solchen Buche gemacht werden können. Er findet es durchaus verständlich, wenn Naturwissenschaftler z. B. dem Verfasser Dilettantismus, Ignoranz und noch Schlimmeres vorwerfen würden. Demgegenüber weist Steiner darauf hin, daß er selbst gründlich die Naturwissenschaften studiert und sich zur Regel gemacht hat *nur über solches auf dem Gebiete der Geisteswissenschaft zu reden oder zu schreiben, bei dem er in einer ihm genügend erscheinenden Art auch zu sagen wüßte, was die gegenwärtige Wissenschaft darüber weiß.*

Daß er ein Recht hat, so zu sprechen, dafür hat er im Laufe seines Lebens manchen Wahrheitsbeweis angetreten. Hier sei nur auf ein Beispiel hingewiesen. Nach der *Geheimwissenschaft* ist die sichtbare Welt im Ursprunge aus einem geistigen *Wärmeelement* hervorgegangen, in dem erhabene göttliche Wesen (in jüdisch-christlicher Terminologie spricht man hier von Seraphim, Cherubim und Thronen) opfernd und schaffend wirksam waren. Zehn Jahre nach Erscheinen der *Geheimwissenschaft* hielt Rudolf Steiner einen Kurs von vierzehn Vorträgen über die Wärmelehre für Naturwissenschaftler und Lehrer (1920), in dem er unter Beweis stellte, daß er die Tatsachen der Wärmelehre in der Physik bis in ihre mathematischen

Grundlagen souverän beherrschte. Es würde den Rahmen dieser Monographie sprengen, wenn der Versuch gemacht würde, den Inhalt der *Geheimwissenschaft im Umriß* darzustellen. Wenn der Leser das Bedürfnis hat, ihn kennenzulernen, muß er schon selbst nach dem Buche greifen. Doch an einer Tatsache können wir nicht vorübergehen. In der *Philosophie der Freiheit*, der *Theosophie* und in *Wie erlangt man Erkenntnisse der höheren Welten?* wird man vergeblich den Namen Jesus Christus suchen. Nach dem Grunde ist viel gefragt worden. Spätestens seit 1900 ist die Erscheinung Jesu Christi auf Erden für Rudolf Steiner das *Mittelpunktsereignis* der Erd- und Menschheitsgeschichte. *Das Christentum als mystische Tatsache* ist ein Zeugnis dafür. Und warum schweigt Steiner in den genannten Werken von Christus und dem Christentum? Wir möchten antworten: aus Christlichkeit! «Du sollst den Namen deines Gottes nicht mißbräuchlich führen» – galt für ihn auch bei der Verwendung des Namens Jesus Christus. Er ging mit diesem ihm hohen Namen äußerst sparsam um und sprach ihn nur aus, wenn es aus der Sache heraus notwendig war. Und aus der Sache heraus wurde es in der *Geheimwissenschaft im Umriß* notwendig.

DIE CHRISTOLOGIE

Wenn Jesus Christus nach dem Evangelisten Johannes von sich selber sagt: «Ich weiß, woher ich komme und ich weiß, wohin ich gehe» (Joh. 8, 5), so entspricht diese Selbstaussage Christi den Tatbeständen, die Rudolf Steiner in seiner Christologie dargestellt hat. Das Christentum als historisches Phänomen, welches mit Bethlehem beginnt und über Golgatha zur Kirche Christi geführt hat, ist nur die zeitlich begrenzte Erscheinungsform auf Erden. Das Wesen Christi ist ewig, d. h. in der Zeit gleicherweise rückwärts in die Vergangenheit wie vorwärts in die Zukunft als ewig zu denken. Nichts anderes sagt ja die biblische Formel: «der da war (in aller Vergangenheit) — der da ist (in der Gegenwart) und der da kommt (in aller Zukunft)» — dessen Reich kein Ende in der Zeit hat.

Während unter dem Eindruck des Wortes und Begriffes «Ewigkeit» die Christen in der Regel zu denken aufhören, füllt sich in der Sicht Rudolf Steiners dieses «Vorher» und «Nachher» mit konkretem Leben. Wen, so fragt er, suchten die Perser, Ägypter, Griechen, Germanen, wenn sie in ihren Tempeln und heiligen Stätten unter immer neuen Namen — Ahura Mazdao, Osiris-Horus, Apollo, Baldur — das erhabene Sonnenwesen verehrten und anbeteten? Letzten Endes kein anderes Wesen als das, welches später in dem Leibe des Jesus von Nazareth Mensch geworden ist. Denn das erhabene Sonnenwesen, das die vorchristlichen Religionen verehrten, war in Weltenhöhen — «im Schoße des Vaters» — existierend und wirksam. In der Jordantaufe nahm der Gott, der in der Vorzeit in der außerirdischen Sonnenwelt gleichsam «zu Hause» war, von einem

Christian Morgenstern (1871—1914)

Menschen, dem Jesus von Nazareth – Besitz und lebte in ihm die drei Jahre seines Erdenwirkens bis zum Kreuzestod auf Golgatha.

Voraussetzung für ein Verständnis dieser Zusammenhänge ist, daß das Wesen der Sonne nicht allein materialistisch als nach physikalischen Gesetzen wirkender Gasball gedacht wird, dessen Energien nach Zufallsgesetzen – etwa aus nuklearen Wasserstoff-Explosionen stammend – absichts- und lenkungslos verströmen. Rudolf Steiner gibt zu dem astro-physikalischen Bild der Sonne einen spirituellen Hintergrund. Analog dem physisch-leiblichen Menschen, der das Erscheinungsbild des Geistes-Menschen ausmacht, spricht er von dem *erhabenen Sonnenwesen* Christi, für das die sichtbare Sonne bis zu seinem Erdenabstieg Lebensschauplatz war. Christian Morgenstern formt als Dichter diese Seite der Christologie Rudolf Steiners in die Worte:

Faß es, was sich dir enthüllt!
Ahne dich hinan zur Sonne!
Ahne, welche Schöpferwonne
jedes Wesen dort erfüllt!

Klimm empor dann dieser Geister
Stufen bis zur höchsten Schar!
Und dann endlich nimm Ihn wahr:
Aller dieser Geister Meister!

Und dann komm mit Ihm herab!
Unter Menschen und Dämonen
komm mit Ihm, den Leib bewohnen,
den ein Mensch Ihm fromm ergab.

Faßt ein Herz des Opfers Größe?
Mißt ein Geist dies Opfer ganz? –
Wie ein Gott des Himmels Glanz
tauscht um Menschennot und -blöße!

(Aus «Wir fanden einen Pfad», München 1914)

Jesus von Nazareth war ein Mensch, Christus der Logos – Gott. Von der Jordantaufe an begann der Gott-Mensch, der Menschensohn des Evangeliums, zu leben und zu wirken.

Jesu Geburt ist als Vorbereitung auf dieses göttliche Wirken auf Erden – das Evangelium nennt es «vom Heiligen Geist» bewirkt – geheimnisvoll gelenkt. Vor der übersinnlichen Schau und ihren Möglichkeiten, in diese Geheimnisse einzudringen, bestehen die so widerspruchsvollen Darstellungen von Matthäus und Lukas, die sogar zwei auf den ersten Blick einander ausschließende Stammbäume bringen, beide mit Recht. Das alte theologische Problem der «zwei Jesusknaben» findet durch Rudolf Steiner eine überraschende Deutung.

Eine erste Veröffentlichung bringt er darüber in der Schrift *Die geistige Führung des Menschen und der Menschheit* (1911). In internen Darstellungen, z. B. in dem Vortragszyklus in Basel über das Lukas-Evangelium, wurde dieses Thema schon zuvor (1909) ausführlich behandelt. Alles, was die Evangelien berichten, muß und darf nach Steiner wortwörtlich genommen werden: «Die Erde erbebte» – «die Sonne verlor ihren Schein» – «der Vorhang im Tempel zerriß». Doch dieses wörtliche Ernstnehmen ist nicht gleichzusetzen mit «blindem Glauben», sondern eine Aufforderung, die physischen Tatbestände geistig zu erkennen.

In dem Moment, da das Ereignis von Golgatha geschah, hat die Kraft, der Impuls, der früher nur von der Sonne der Erde zuströmen konnte im Lichte, angefangen, sich mit der Erde selbst zu vereinigen; und dadurch, daß der Logos angefangen hat, mit der Erde sich zu vereinigen, dadurch ist die Aura der Erde eine andere geworden.

Dieser physische Vorgang, das Ereignis von Golgatha, ist der Ausdruck, die Offenbarung für einen geistigen Vorgang, der im Mittelpunkt alles Erdengeschehens steht. Wer im Sinne der heutigen materialistischen Weltanschauung dieses Wort auffaßt, wird sich nicht viel dabei vorstellen können. Denn er wird sich nicht denken können, daß dazumal bei diesem einzigartigen Ereignis auf Golgatha etwas geschehen ist, was sich von einem etwa physisch ähnlichen oder gleichen Ereignisse unterscheidet. Es ist ein gewaltiger, großer Unterschied zwischen allen Erdenvorgängen, die vor diesem Ereignisse auf Golgatha liegen und denen, die nachher kommen.

Wäre das Ereignis von Golgatha nicht vor sich gegangen, so würde niemals eintreten können, daß Erde und Sonne sich vereinigen. Denn durch das Ereignis von Golgatha, durch das die Kraft des Logos sich mit der Erde verband, wurde der Impuls gegeben, der Logoskraft zu Logoskraft wiederum hintreibt und die beiden – Sonne und Erde – zuletzt wieder zusammenbringen wird. Seit dem Ereignis von Golgatha hat die Erde, geistig betrachtet, die Kraft in sich, die sie mit der Sonne wieder zusammenführen wird. Deshalb sagen wir: in das geistige Dasein der Erde wurde aufgenommen, was ihr vorher von außen zuströmte: die Kraft des Logos – durch das Ereignis von Golgatha. Was lebte vorher in der Erde? Die Kraft, die von der Sonne auf die Erde niederstrahlt. Was lebt seither in der Erde? Der Logos selber, der durch Golgatha der Geist der Erde wurde. (Hamburg 1908)

In den vorchristlichen Mysterienreligionen lebte ein Wissen um diese Zusammenhänge, so daß sich die Prophetie auf den kommenden Messias, den zu erwartenden Weltheiland herausbilden konnte. Zur Vorbereitung auf die Zukunft wurde der symbolische Ritus von Grablegung und Auferweckung in den Mysterienschulen der Eingeweihten geübt (Osiris-Isis-, Adonis-Kult u. a.). Auf Golgatha geschah als historisches Ereignis, was zuvor Ritus und Symbol war: Tod und Auferstehung als physisch-geistige Wirklichkeit.

Auch die Auferweckung des Lazarus ist in diesem Zusammenhang zu sehen. Hier geschah in aller Öffentlichkeit («aber um des Volkes willen, das umhersteht», Joh. 11, 42) eine Totenerweckung, wie sie sonst nur von Hierophanten in streng geschlossenen Kreisen geübt wurde. Von den Hütern der auch im Judentum bekannten und gepflegten Mysterien-Tradition wurde die Lazarus-Erweckung als Mysterien-Verrat angesehen («Aber die Hohenpriester trachteten danach, daß sie auch Lazarus töteten», Joh. 12, 10). Und auf Mysterien-Verrat bestand bei allen antiken Religionen die Todesstrafe. Darum der unerbittliche Wille, Jesus Christus zu vernichten.

Das Apostolikum, das alte Glaubensbekenntnis der Christenheit, spricht von der Höllenfahrt Christi zwischen seinem Tode am Karfreitag und der Auferstehung am Oster-Morgen. «Niedergefahren zur Hölle» — dieses ist nach Steiner weder Legende noch Mythos, sondern ein geistiges Ereignis, das eingetreten ist, und durch das die vor Christi Erdenwandel verstorbenen Seelen gleichsam eine totale Aufhellung ihres sonst finsteren Seelen-Horizontes erfuhren. («Auf daß er erscheine denen, die da sitzen in Finsternis und Schatten des Todes», Luk. 1, 79.)

Dann — in aller Frühe am Oster-Morgen — geschah die «leibhafte» Auferstehung als ein Ereignis, wie es sich nie zuvor und nie seitdem auf Erden abgespielt hat. Die Übermacht des Geistes Christi verwandelte den Leichnam, entriß ihm die in jeden Menschenleib hineingewirkte Geistgestalt (Phantom) und «verbrannte» das Übrige zu Asche, welche von der Erde aufgenommen wurde.

Der Leib, der vom Oster-Morgen ab von den Frauen und Jüngern wahrgenommen wurde, war kein physisch-materieller Leib. Er ging durch «verschlossene Türen» (Joh. 20, 19). Er war ein verwandelter Leib, im Lebensfelde der Erde als Keim eines neuen Menschentums für alle Zukunft. So wurde er hellfühlend, hellsehend in den ersten urchristlichen Zeiten wahrgenommen.

Das Urchristentum lebte aus der Kraft der Erinnerung der Augen- und Ohrenzeugen des irdischen Lebens Jesu Christi: «das wir gehört haben, das wir gesehen haben mit unseren Augen ... und unsere Hände betastet haben» (1. Joh. 1, 1) und aus den übersinnlichen Erlebnissen seiner Bekenner: «und daß er gesehen worden ist von Kephas, darnach von den Zwölfen. Darnach von mehr als fünfhundert Brüdern auf einmal ... Darnach ist er gesehen von Jacobus, darnach von allen Aposteln. Am letzten von allen ist er auch von mir ... gesehen worden» (1. Kor. 15, 5—8).

Die Erinnerung hat sich durch Evangelien und Kirchentradition — wenn auch abgeschwächt — bewahrt, das übersinnliche Wahrnehmungsvermögen ist heute geschwunden und verloren.

Hier hebt nun Rudolf Steiners neue Christus-Verkündigung an. Er lenkte den Blick auf Damaskus, auf das übersinnliche Erlebnis des

Paulus, des ursprünglich fanatischen Gegners des Christentums und auf die visionären Erfahrungen des Johannes auf der Insel Patmos, dem wir die «Apokalypse» verdanken. Was einst diesen beiden Kronzeugen in der Urzeit begegnete, wird in neuer, dem Ich-Bewußtsein des gegenwärtigen Menschen entsprechender Weise in Zukunft zunehmend eintreten. Menschen werden Christuserlebnisse haben, die aller Subjektivität enthoben sind. Ein neues Wahrnehmungsvermögen für die ätherische Sphäre des Auferstandenen wird Menschen zuteil werden, so daß für diese jenseits aller Zweifel die objektive und helfende Gegenwart Christi erfahrbar ist. Damit wird sich die geistige Situation eines Teiles der heutigen Menschheit spürbar ändern. Das neue «Schauvermögen» wird sich vielen mitteilen und dadurch auch die «Glaubenskraft» stärken. Denn auch für Steiner ist das Christentum für a l l e Menschen da und nicht nur für einzelne Auserwählte und Begnadete. Er hält es für eine törichte Redensart, *daß das Wissen den Glauben ablösen müsse.* Ausdrücklich bezieht er sich auf das Wort, das Jesus Christus zu Thomas sprach: «Selig sind, die nicht sehen und doch glauben!» (Joh. 20, 29) Der neue Einschlag aber, der dem Christentum ein neues Zeitalter auf Erden eröffnen wird, beginnt, wenn das übersinnliche Wahrnehmungsvermögen anhebt, dessen Schulung durch die Anthroposophie gewollt wird. *Dann wird in Zukunft, wenn auch zunächst noch eine kleine Schar, das Ereignis des Paulus vor Damaskus erleben dürfen und wahrnehmen, den ätherischen Christus, der übersinnlich unter die Menschen kommt.* (Neuchâtel 1911)

Geisteswissenschaft ist dazu da, den Menschen das Verständnis zu eröffnen für diese neuen Fähigkeiten, die sich in der Menschenwelt zeigen werden ...

Der Christus wird wiederkommen, aber in einer höheren Realität, als die physische ist, in einer solchen Realität, zu der man nur wird aufschauen können, wenn man sich erst den Sinn und das Verständnis für das geistige Leben wird erworben haben ...

Schreiben Sie das in Ihr Herz, was Anthroposophie sein soll: eine Vorbereitung für die große Epoche der Menschheit, die uns bevorsteht. (Berlin 1910)

Niemand kann das Ereignis von Golgatha verstehen, der es nicht im Geiste verstehen will. Daher ist anthroposophische Geisteswissenschaft zugleich eine Vorbereitung für ein neues Verständnis des Christus und des Mysteriums von Golgatha. (Prag 29. 4. 1923)

ANTHROPOSOPHIE ALS KUNST

Die Mysterien-Dramen

Wie eine Ouvertüre zu einem neuen Lebensabschnitt im Wirken Rudolf Steiners nimmt sich im Rückblick heute der Vortrag aus, den er am 28. Oktober 1909 in Berlin über *Das Wesen der Künste* gehalten hat. Denn dieser Vortrag ist nicht die Rede eines Wissenschaftlers «über die Kunst», sondern ist selbst ein vom ersten bis zum letzten Wort bewußt gestaltetes Kunstwerk.

Doch die Anfänge zu dieser Seite im Leben Rudolf Steiners liegen früher. Auf dem 4. Jahreskongreß der Föderation Europäischer Sektionen der Theosophischen Gesellschaft in München 1907 kam es zu ersten dramatischen Aufführungen. *In das Programm des Kongresses wurde eine künstlerische Darbietung eingefügt. Marie von Sivers hatte Schurés Rekonstruktion des eleusinischen Dramas schon vor langer Zeit übersetzt. Ich richtete es sprachlich für eine Aufführung ein. Dieses Drama fügten wir dem Programm ein. Eine Anknüpfung an das alte Mysterienwesen, wenn auch in noch schwacher Form, war damit gegeben — aber was die Hauptsache war, der Kongreß hatte Künstlerisches in sich. Künstlerisches, das auf den Willen hinwies, das spirituelle Leben fortan nicht ohne das Künstlerische in der Gesellschaft zu lassen.*

Der für diese Seite der Anthroposophie wie prädestiniert erscheinende Ort war München. Hier war die Atmosphäre vorhanden, in der sich das künstlerische Element zu Hause fühlen konnte.

In Berlin und in München waren gewissermaßen die zwei entgegengesetzten Pole der anthroposophischen Wirksamkeit zu entfalten. Berlin war durch und durch in die Sphäre des Rationalismus und Intellektualismus getaucht. Hier galt es die Anthroposophie in klarer Gedanklichkeit zu entwickeln. *Anders war das in München. Da wirkte in die anthroposophische Arbeit von vornherein das künstlerische Element. Und in dieses ließ sich eine Weltanschauung wie die Anthroposophie in ganz anderer Art aufnehmen, als in den Rationalismus und Intellektualismus. Das künstlerische B i l d ist spiritueller als der rationalistische Begriff. Es ist auch lebendig und tötet das Geistige in der Seele nicht, wie es der Intellektualismus tut. Die tonangebenden Persönlichkeiten für die Bildung einer Mitglieder- und Zuhörerschaft waren in München solche, bei denen das künstlerische Empfinden in der angedeuteten Art wirkte.*

Das brachte nun auch mit sich, daß in Berlin ein einheitlicher Zweig der Gesellschaft von vornherein sich gestaltete. Die Interessen derjenigen, die Anthroposophie suchten, waren gleichartig. In München gestalteten die künstlerischen Empfindungen in einzelnen Kreisen individuelle Bedürfnisse, und ich trug in solchen Kreisen vor.

Edouard Schuré (1841—1929)

Es versteht sich von selbst, daß diese künstlerische Arbeit in München, die regelmäßig bis 1913 im Monat August ihren Höhepunkt erreichte, auch vielfältigen Kontakt zu Künstlern Münchens herstellte, die unabhängig von der Anthroposophie dort lebten. Unter den Hörern der Vorträge fanden sich auch Männer wie Wassily Kandinsky und Alexej Jawlensky ein, die dann auch Steiner aufsuchten, um

Übersicht über die in München unter der Leitung von Rudolf Steiner stattgefundenen Aufführungen. (Nach Rudolf Steiner: *Selbsterkenntnis.* Nachlaßverwaltung, Dornach 1950)

1907

19. Mai: Ur-Aufführung «Das heilige Drama von Eleusis» von E. Schuré

1909

22. August: Ur-Aufführung «Die Kinder des Luzifer» von E. Schuré

1910

14. August: 1. Wiederholung «Die Kinder des Luzifer» von E. Schuré
15. August: Ur-Aufführung *Die Pforte der Einweihung* von R. Steiner

1911

13. August: 1. Wiederholung «Das heilige Drama von Eleusis» von E. Schuré
15. August: 1. Wiederholung *Die Pforte der Einweihung* von R. Steiner
17. August: Ur-Aufführung *Die Prüfung der Seele* von R. Steiner

1912

18. August: 2. Wiederholung «Das heilige Drama von Eleusis» von E. Schuré
20. August: 2. Wiederholung *Die Pforte der Einweihung* von R. Steiner
22. August: 1. Wiederholung *Die Prüfung der Seele* von R. Steiner
24. August: Ur-Aufführung *Der Hüter der Schwelle* von R. Steiner

1913

19. August: 1. Wiederholung *Der Hüter der Schwelle* von R. Steiner
20. August: 2. Wiederholung *Der Hüter der Schwelle* von R. Steiner
22. August: Ur-Aufführung *Der Seelen Erwachen* von R. Steiner
23. August: 1. Wiederholung *Der Seelen Erwachen* von R. Steiner
28. August: Die erste Eurythmie-Aufführung

Der Ausbruch des Krieges im August 1914 setzte weiteren geplanten Aufführungen ein Ende.

für ihr persönliches Leben Rat zu erhalten, ohne sich dadurch auf Anthroposophie festzulegen. Aus der Kandinsky-Monographie von Will Grohmann (DuMont Schauberg Verlag) entnehmen wir, daß Kandinsky nach dem Anhören eines Steiner-Vortrages die 1908 gemalte Arielszene geschaffen hat. «Vielleicht wirkt auch Rudolf Steiners geistige Schau nach, mit der er in Berlin in Berührung gekommen war ... Kandinsky war sich mit Steiner einig im Gefühl einer Katastrophensituation, des Versagens der Wissenschaft und der Notwendigkeit eines geistigen Schauens.»

Nachdem auch «Die Kinder des Luzifer» von Edouard Schuré 1909 erstmalig gespielt war, wurden von 1910 an die Mysterien-Dramen Rudolf Steiners zu einem Wesensbestandteil der anthroposophischen Arbeit. Das erste von ihm geschriebene Mysterien-Drama kam zur Aufführung. Ihm folgten jährlich bis 1913 drei weitere.

1910 *Die Pforte der Einweihung*
1911 *Die Prüfung der Seele*
1912 *Der Hüter der Schwelle*
1913 *Der Seelen Erwachen*

Ein fünftes Drama war für 1914 geplant, kam aber infolge der Kriegsereignisse nicht mehr zur Ausführung.

Diese Dramen wurden von Berufsschauspielern und Laienkräften mit größter Hingabe gespielt. Sie hinterließen, wie die Augenzeugen übereinstimmend berichten, bei den Zuschauern, die zumeist gut vorbereitete Mitglieder der Theosophischen, später der Anthroposophischen Gesellschaft waren, einen tiefen Eindruck.

Man wird diesen Dramen nicht gerecht, wenn man sie mit den Dramen der traditionellen Literatur vergleicht. Sie wollen als «Mysterien-Dramen» verstanden sein. Menschenschicksale werden zur Darstellung gebracht, die durch mehrere Erdenleben miteinander verbunden sind. Geistsucher werden gezeigt, die den Weg der Selbsterkenntnis gehen und dadurch an die Schwelle der geistigen Welt geführt werden, jeder auf seine Weise. Im meditativen Leben erfahren

Das erste Goetheanum im Bau (Februar 1914)

sie Anfechtungen und Tröstungen, die über die gewöhnlichen Erdenerlebnisse hinausgehen. Gegenwartserfahrungen werden transparent und führen zu Hintergründen durch das Mittelalter bis in die ägyptische Zeit.

Um dramatische Spannung im üblichen Sinne geht es nicht. Auf «Bühneneffekte» wird bewußt verzichtet. Geistgeoffenbartes im Gewande der Kunst, so könnte man diese Mysterien-Dramen Rudolf Steiners vielleicht nennen – enthalten sie doch fast alles, was er auf dem Erkenntnisfelde in seinen Büchern über den Menschen und sein Schicksal in wiederholten Erdenleben dargestellt hat, nun auf der Ebene der dramatischen Schauspielkunst.

Teilnehmer erzählen, wie Rudolf Steiner von Tag zu Tag die Fortsetzungen des jeweiligen Dramas morgens mitbrachte, indem er sie in der vorangegangenen Nacht erst niederschrieb. War er der Geist, der durch seine Angaben vom Text über die Kostüme und Bühnenbilder bis zur Regie das Ganze leitete, so darf wohl Marie von Sivers, die spätere Frau Marie Steiner, die Seele dieses Unternehmens genannt werden. Ihr bisheriges Schicksal hatte sie für diese Aufgabe prädestiniert. Schon in St. Petersburg hatte sie bei hervorragenden Schauspielern Unterricht genommen und ihn in Paris fortgesetzt. Sie stand unmittelbar vor einer Bühnenlaufbahn, als sie der Theosophie begegnete und daraufhin auf den Beruf einer Schauspielerin verzichtete. Von Natur war sie mit einer ungewöhnlichen Stimme begabt, Rezitation war ihr Element. So stand sie neben Rudolf Steiner und verhalf seinen Dramen zum Leben.

Am 24. August 1913 schrieb Christian Morgenstern aus München an seinen Freund, den Schauspieler Friedrich Kayßler nach dem Erlebnis des Mysterien-Dramas:

«Das Steinersche Mysterium ... ist kein Spiel, sondern es spiegelt geistige Welten und Wahrheiten wider. Es leitet ein — mag sein mit mancher Mühsal eines Anfangswerkes, einer ersten Tat beladen — eine neue Stufe, eine neue Epoche der Kunst. Diese Epoche selbst ist noch fern; es können Hunderte von Jahren vergehen, bis die Menschen, die diese rein geistige Kunst wollen, so zahlreich geworden sind, daß etwa in jeder Stadt Mysterien solcher Art würdig geboten und empfangen werden können — aber hier in der ‹Pforte› ist ihr historischer Ausgangspunkt, hier wohnen wir ihrer Geburt bei ... Et-

Südansicht des ersten Goetheanums

Rudolf Steiner,
Porträtskizze von Emil Orlik aus dem
Jahre 1916 (mit Widmung)

was Ungeheures entsteht da vor uns und mit uns — eine geistige Gebirgslandschaft, die man ein Leben lang nicht zu Ende ergründen und auslernen kann.»

Die Aufführungen fanden im Laufe der Zeit auf den Münchner Bühnen, im Schauspielhaus, im Theater am Gärtnerplatz und im Volkstheater statt. Diese Theater lieferten zwar im äußeren Sinne brauchbare Bühnen, aber als Rahmen für diese «Mysterien»-Dramen und ihre Spiritualität waren sie denkbar ungeeignet. Daraus entstand das Bedürfnis nach einem Bau, der eine würdige, geistgemäße Umhüllung für die Aufführungen sein würde. Es bildete sich der «Johannes-Bau-Verein» mit dem Ziele, in München ein Bauwerk zu schaffen, das eine Bühne für die Aufführung der Mysterien-Dramen enthielt und gleichzeitig geeignet war, ein Zentrum für die Tätigkeit der Anthroposophie in Deutschland zu werden. Nach einigen Anläufen scheiterte dieser Plan. Statt dessen kam von Freunden aus der Schweiz ein Angebot, das in Dornach bei Basel ein größeres Gelände für einen

Rudolf Steiner im Atelier, 1919

Bau zur Verfügung stellte. Rudolf Steiner fuhr hin, sah das Grundstück und nahm das Anerbieten an.

Das erste Goetheanum

Ein Schicksalsglück! Zeigte doch der Zeiger der Geschichte schon an: 1913. Ein Jahr später brach der Erste Weltkrieg aus. Die Schweiz im Herzen Europas blieb – wie auch im Zweiten Weltkrieg – von allem Unglück verschont. So wurde Rudolf Steiner in die Lage versetzt, in der «Drei-Länder-Ecke», wo Frankreich, Deutschland und die Schweiz aneinandergrenzen, das erste «Goetheanum» zu errichten. Durch die Wahl dieses Namens für den Bau wurde noch einmal vor aller Welt bekundet, wie sehr Rudolf Steiner seine Anthroposophie mit Goethes Wesen und Werk verbunden wissen wollte.

Bereits im September 1913 erfolgte die Grundsteinlegung, im April 1914 das Richtfest. Während der Kanonendonner von den im Blickfeld des Dornacher Hügels liegenden Vogesen herüberhallte, arbeiteten Angehörige von 17 Nationen gemeinsam an der künstlerischen Ausgestaltung dieses ersten Zentrums der anthroposophischen Bewegung. Auf einem Betonsockel wurde aus Holz ein Bauwerk mit zwei Kuppeln errichtet, das in seinem Baustil etwas durchaus Neues darstellte. Ungewöhnliche mathematische und technische Probleme waren zu meistern, um die Doppelkuppel über Bühne und Zuschauerraum für etwa 1000 Personen zu errichten. Die Baukosten in Höhe von mehr als sieben Millionen Schweizer Franken wurden durch Schenkungen aufgebracht.

Architekten, Plastiker und Maler wirkten an einem Werk zusammen und legten – stets und ständig unter Anleitung und praktischer Mitwirkung Rudolf Steiners den Grund zu dem, was heute als anthroposophische Architektur, Plastik und Malerei bekannt und umkämpft ist.

Aus dieser Zeit stammen so manche architektonischen Entwürfe und Malerei-Skizzen aus Steiners eigener Hand. Karikaturen, die er gelegentlich beim Tee auf eine Papierserviette hinwarf, zeugen von seinem Humor.

Im Hintergrund der Bühne, im Ostteil des Baues sollte eine Christusgestalt stehen. Aufrecht zwischen den Widersachermächten, dem gleisnerischen Verführer Lucifer und dem finsteren Verknöcherer Ahriman schreitet der «Menschheitsrepräsentant» hindurch. Diese plastische Gruppe ist weitgehend von Rudolf Steiner selbst mit Hammer und Meißel geschaffen – infolge seines frühen Todes aber leider nicht vollendet worden. Sie wurde beim Brande des Goetheanum 1923 gerettet und ist heute eines der bedeutendsten Werke, die von Steiners eigener Hand stammen.

Architektur, Plastik, Malerei hat es als Künste zu allen Zeiten der Kulturvölker gegeben. Stets spiegelte sich die seelisch-geistige Situation des Zeitgeistes in den künstlerischen Taten. Die Pyramide der Ägypter, der Tempel der Griechen, die Dome des Mittelalters sind solche Offenbarungen ihres Zeitalters. Es liegt im Wesen der Anthroposophie als «Kulturimpuls», daß Rudolf Steiner auf den genannten Kunstgebieten neue Anregungen gegeben hat. Vor allem in der Berliner und Münchner Zeit haben vielfach Künstler von Rang sich ratsuchend an ihn gewandt. In der Eurythmie aber liegt eine Neuschöpfung vor. Sie will weder als Gymnastik noch als Tanz – auch nicht als Pantomime – verstanden werden. Wohl ist sie eine «Bewegungskunst», aber als solche zugleich – man verzeihe das Wort – «Bewußtseinskunst». Um dies zu verstehen, muß man aus dem Worte «Bewußtsein» alles tilgen, was mit «Intellektualität» zu tun hat. Es gibt keine Kunst aus dem Intellekt, dem Urfeind alles wahrhaft Künstlerischen. Eurythmie will die *geistige* Gesetzlichkeit und Qualität von Wort und Ton durch Gebärde und Bewegung sichtbar machen und zum künstlerischen Erlebnis bringen. Dazu bedarf es des «Geist-Bewußtseins», welches die unsichtbaren Lebensprozesse, die jedem gesprochenen Vokal, Konsonant, jeder Silbe, jedem Worte, jedem Ton und Klang zugrunde liegen, künstlerisch erleben kann. Aus diesem subjektiv-objektiven Erleben entsteht die Eurythmie als «sichtbare Sprache», als «sichtbarer Gesang». Aus einfachsten Anfängen im Jahre 1912 entwickelte sich

Haus de Jaager

unter der Obhut von Marie Steiner die Eurythmie in dreifacher Hinsicht: als Bühnenkunst, als Erziehungshilfe an den Schulen und als Heileurythmie.

Noch im letzten Jahre seines Lebens vollendete Rudolf Steiner in zwei Eurythmie-Kursen mit insgesamt 23 Vorträgen seine grundlegende Darstellung dieser neuen Kunstrichtung. Die Dornacher Schule in der Schweiz und die Köngener Schule in Deutschland zeigten seitdem auf vielen europäischen Bühnen, wie weit der Reifegrad der Verwirklichung seiner Anregungen gediehen ist. Angesichts der Entwicklung der modernen Tanzkunst unter Einfluß der Rhythmen Afrikas und Amerikas, die ausschließlich das Unter- und Unbewußtsein des Menschen ergreifen, erscheint die Eurythmie wie ein therapeutischer Impuls auf dem Felde menschlicher Bewegung. Hier einige Aphorismen Steiners über Eurythmie:

Der Mensch ist eine fertige Form wie er vor uns steht. Aber diese fertige Form ist aus Bewegung hervorgegangen ... Und wir gehen zurück zu den Urbewegungen, in dem wir die Eurythmie ausbilden ... Gott eurythmisiert, und indem er eurythmisiert, entsteht als Ergebnis des Eurythmisierens die Menschengestalt.

... denn das Eurythmisieren ist in gewissem Sinne ein Bilden von Gebärden und Geste, aber nicht von vorübergehenden, willkürlichen Gebärden, sondern von den kosmischen, bedeutungsvollen Gebärden, von denjenigen, die nicht anders sein können, die keiner Willkür der menschlichen Seele entstammen. (Dornach 24. 6. 1924)

Vielleicht kann man bei keiner Kunst in einer so intensiven Art das Hineingestelltsein in den Kosmos verspüren, empfinden, als bei der eurythmischen Kunst.

Marie Steiner: «Eurythmisieren heißt: Durch Bewegungen singen. Es ist ein Gesang. Es ist kein Tanz, es ist keine Mimik: es ist ein Singen.»

Die Sprachgestaltung

Man muß Rudolf Steiner sprechen gehört haben, um sein inniges Verhältnis zur Sprache zu kennen. Der natürliche Klang seiner warmen Stimme war von der Liebenswürdigkeit des Wiener Idioms getönt. Sie hatte natürlicherweise eine erstaunliche Reichweite, die ihn z. B. befähigte, alle Rollen der Darsteller in den Mysterien-Dramen selbst vorzusprechen. Wenn er auch in der Regel Marie Steiner, als der ausgebildeten Sprachgestalterin, den Vorrang ließ, hat er doch vielfach, zuletzt in den Septemberwochen 1924, dem Ende seines öffentlichen Wirkens, innerhalb des von ihm gehaltenen Kursus über *Sprachgestaltung und Dramatische Kunst* erstaunliche Proben seines sprachlichen Vermögens gegeben. In diesem Lehrkurs für Sprachgestalter und Schauspieler führte er zum Ziele, was schon in den ersten Anfängen seiner voranthroposophischen Tätigkeit veranlagt wurde, und die ihn das Goetheanum *Haus der Sprache* und *Haus des Wortes* nennen ließ.

In seinem *Lebensgang* zitiert er sich selbst, wie er in den «Dramaturgischen Blättern» vom März 1898 über *Vortragskunst* geschrieben hat. *Die Erhebung der gewöhnlichen Rede zum Kunstwerk ist eine Seltenheit ... Es fehlt uns fast ganz das Gefühl für die Schönheit des Sprechens und noch mehr für charakteristisches Sprechen ... Man hält künstlerisches Sprechen heute vielfach für verfehlten Idealismus ... Dazu hätte man nie kommen können, wenn man sich der*

Marie Steiner, geb. von Sivers (1867—1948) im Jahre 1915

künstlerischen Ausbildungsfähigkeit der Sprache besser bewußt wäre ... und er fährt fort (1925):

Was mir da vorschwebte, konnte erst viel später in der Anthroposophischen Gesellschaft eine Art Verwirklichung finden. Marie von Sivers (Marie Steiner), die für Sprachkunst Begeisterte, widmete sich zunächst selbst einem echt künstlerischen Sprechen, und mit ihrer Hilfe wurde es dann möglich, in Kursen für Sprachgestaltung und dramatischer Darstellung für Erhebung dieses Gebietes zur wahren Kunst zu wirken!

In Dornach entstand als eine Abteilung der «Sektion für redende und musische Künste» die Schule für Sprachgestaltung, an der nun seit Jahrzehnten berufliche Sprachgestalter sowie auch Schauspieler, Lehrer u. a. geschult werden.

Rudolf Steiner, 1920

DIE VORTRAGSTÄTIGKEIT – DER ERSTE WELTKRIEG

Von Jahr zu Jahr nahm die Vortragstätigkeit Rudolf Steiners zu. Einzelne Vorträge in der Öffentlichkeit oder vor einem intimen Kreise von Vorbereiteten wechselten mit den großen Vortragszyklen, die in einzelnen Städten sich oft über zwei Wochen hinzogen. Alles, was dem Inhalte nach in seinen Büchern veröffentlicht wurde, hat er auch in diesen Vortragsreihen ausgeführt. Doch kam in den Vorträgen auch vieles zur Sprache, was nicht in den Büchern steht. Darum entstand unter den Mitgliedern der Anthroposophischen Gesellschaft das Bedürfnis, diese «Zyklen-Inhalte» auch gedruckt zu besitzen. Nur ungern gab Steiner diesem Wunsche nach, weil er einen ausgesprochenen Sinn für den unterschiedlichen Stil von frei gesprochenem und geschriebenem Wort hatte. Doch gab er nach. Heute ist ein Großteil der an die 6000 von ihm gehaltenen Vorträge gedruckt und wird zur Zeit in Verbindung mit seinen Büchern, Aufsätzen usw. als *Rudolf Steiner Gesamtausgabe* von der Nachlaßverwaltung neu herausgebracht.

Obwohl auch in den früheren Jahren Steiner einige Vortragsreisen in das «Ausland» unternommen hatte – so hielt er 1906 in Paris 18 Vorträge, an denen als Hörer auch Edouard Schuré und Mereschkowskij teilnahmen –, leitet das Jahr 1908 mit einer Holland- und zwei Skandinavienreisen einen neuen intensiven Abschnitt seiner europäischen Tätigkeit ein, die sich bis zum Ausbruch des Ersten Weltkriegs steigerte.

Kurz vor Kriegsausbruch hatte er in Schweden (Norrköping) gesprochen und befand sich in den letzten Julitagen 1914 in Bayreuth als Hörer der dortigen Festspiele («Parsifal»). Während der Kriegsjahre lebte er abwechselnd in Dornach und Berlin. Ende August hatte er auf Wunsch des deutschen Generalstabschefs Generaloberst Helmuth von Moltke mit diesem in Koblenz ein Gespräch, an das von böswilliger Seite groteske Verdächtigungen sich anschlossen. Nicht weniger als den Verlust der Marne-Schlacht und damit die deutsche Niederlage überhaupt wurde ihm «als magischem Beeinflusser» in die Schuhe geschoben. Von Moltke hatte Zutrauen zu Steiner gefaßt und ihn in privaten Dingen um Rat gebeten. Mit dem Verlauf der militärischen Situation hatte das Gespräch nicht den geringsten Zusammenhang.

Am 24. Dezember 1914 schloß Steiner die Ehe mit Marie von Sivers. Anna Steiner verw. Eunike war schon 1911 gestorben.

Von französischer Seite (vorübergehend auch von Schuré) wurde Rudolf Steiner zum Vorwurf gemacht, er habe während des Krieges zu sehr auf deutscher Seite gestanden. Wer alle Äußerungen Steiners vor allem in den Jahren 1914 bis 1916 genau studiert, bemerkt allerdings, daß er sich gegen den Vernichtungswillen der «Entente» wendet und diesen mit harten Worten geißelt. Seine eigene Position ist aber in keiner Phase die eines deutschen Chauvinisten. Im Jahre 1910 hatte er in Kristiania (Oslo) ausführlich über *Die Mission einzelner Volksseelen* gesprochen und aus der geistigen Sonderheit jedes Volkes den besonderen Auftrag in der Völkergemeinschaft abgeleitet. In diesem Sinne glaubte Steiner zutiefst an die geistige Sendung des deutschen Volkes. Von Wilhelm II. und seinen eitlen Machtbestrebungen hielt er allerdings nichts. Aber alles von dem Volk, das einen Goethe, Schiller, Fichte, Schelling, Hegel hervorgebracht hat. Dessen Sendung sah er nicht als beendet an, sondern erhoffte von ihm noch Großes.

Wilsons Friedensprogramm mit dem Appell an den Egoismus von Stämmen und Völkerschaften lehnte er als Illusion ab. Er sah voraus, daß wirkliche Lösungen der sozialen Fragen und der echten Staatsprobleme — wie sie z. B. der dreisprachigen Schweiz gelungen sind — mit dem «Selbstbestimmungsrecht» für die kleinsten Volkssplitter nicht gegeben werden. Versuche Steiners, durch Gespräche mit führenden Politikern (u. a. mit Außenminister Richard von Kühlmann vor den Verhandlungen in Brest-Litowsk) und Memoranden (durch den Kabinettschef des österreichischen Kaisers Arthur Graf Polzer-Hoditz an Kaiser Karl übergeben) konnten den Ablauf der deutschen Tragödie nicht verhindern.

Nach dem Zusammenbruch wandte sich Rudolf Steiner 1919 mit einem Aufruf *An das deutsche Volk und an die Kulturwelt.*

Sicher gefügt für unbegrenzte Zeiten glaubte das deutsche Volk seinem vor einem halben Jahrhundert aufgeführten Reichsbau. Im August 1914 meinte es, die kriegerische Katastrophe, an deren Beginn es sich gestellt sah, werde diesen Bau als unbesieglich erweisen. Heute kann es nur auf dessen Trümmer blicken. Selbstbesinnung muß nach solchem Erlebnis eintreten. Denn dieses Erlebnis hat die Meinung eines halben Jahrhunderts, hat insbesondere die herrschenden Gedanken der Kriegsjahre als einen tragisch wirkenden Irrtum erwiesen. Wo liegen die Gründe dieses verhängnisvollen Irrtums? Diese Frage muß Selbstbesinnung in die Seelen der Glieder des deutschen Volkes treiben. Ob jetzt die Kraft zu solcher Selbstbesinnung vorhanden ist, davon hängt die Lebensmöglichkeit des deutschen Volkes ab. Dessen Zukunft hängt davon ab, ob es sich die Frage in ernster Weise zu stellen vermag: wie bin ich in meinen Irrtum verfallen? Stellt es sich diese Frage heute, dann wird ihm die Erkenntnis aufleuchten, daß es vor einem halben Jahrhundert ein Reich gegründet, jedoch unterlassen hat, diesem Reich eine aus dem Wesensinhalt der deutschen Volkheit entspringende Aufgabe zu stellen.

Es folgt die konzentrierte Forderung, das bisherige kompakte Staatsgebilde in die drei Systeme: das geistige, das politische und das wirtschaftliche, aufzugliedern. Nur durch eine solche Entflechtung der verschieden gelagerten Interessen und Aufgaben der drei Glieder jedes sozialen Gebildes, wird das weiter drohende Chaos vermieden werden können. Der Aufruf schließt:

Entweder man wird sich bequemen, mit seinem Denken den Anforderungen der Wirklichkeit sich zu fügen, oder man wird vom Unglücke nichts gelernt haben, sondern das herbeigeführte durch weiter entstehendes ins Unbegrenzte vermehren.

Diesen Aufruf unterzeichneten Persönlichkeiten, von denen viele weder vor- noch hinterher im anthroposophischen Lager standen. Aber sie waren bereit gewesen, für die Verwirklichung der Ideen des Aufrufes sich einzusetzen und ihren Namen zu geben. Wir finden als Unterzeichner u. a.: Prof. Dr. Hans Driesch, Heidelberg; Prof. Dr. Hans Ehrenberg, Heidelberg; Prof. Dr. R. Gaupp, Tübingen; Prof. Dr. Goldstein, Frankfurt; Prof. Hugo von Habermann, München; Hermann Hesse, Schriftsteller, Bern; W. J. Hilger, Direktor der Hansa-Lloyd-Werke, Bremen; Theodor Kappstein, Schriftsteller, Charlottenburg; Prof. Kärcher, Karlsruhe; Prof. Dr. Kippenberg, Bremen; Prof. Dr. Theodor Landau, Charlottenburg; Wilhelm Lehmbruck, Bildhauer, Zürich; Le Seur, Pfarrer, Berlin-Lichterfelde; Prof. Dr. Friedrich Lienhard, Schriftsteller, Weimar; Prof. Dr. Paul Natorp, Geheimrat, Marburg; Prof. Dr. Ludwig Oehninger, Berlin; Dr. Alfons Paquet, Schriftsteller, Frankfurt; Max von Pauer, Direktor des Konservatoriums, Stuttgart; Dr. von Pechmann, Direktor der Handelsbank, München; Dr. theol. Martin Rade, Marburg; Gabriele Reuter, Schriftstellerin, Berlin; Prof. Dr. Schauinsland, Direktor des Völkermuseums, Bremen; E. Schlegel, Tübingen; Dr. Wilhelm von Scholz, Schriftsteller, Dramaturg, Stuttgart; Siegmund-Schultze, Direktor des städt. Jugendamtes, Berlin; Richard Seebohm, Major a. D., Kassel; Traugott von Stackelberg, München; Dr. Hans Hasso von Veltheim, Direktor, München; Dr. H. Voith, Fabrikant, Heidenheim; Prof. Dr. Kurt Wolzendorff, Königsberg; Dr. Hugo Sinzheimer, Mitglied der Nationalversammlung, Frankfurt; Prof. Dr. Otto, Frankfurt.

Im unmittelbaren Zusammenhang mit diesem Aufruf entstand die Bewegung, die unter dem Kennwort «Dreigliederung» von Rudolf Steiner zur Lösung der sozialen Frage ins Leben gerufen war.

DIE «DREIGLIEDERUNGS»-BEWEGUNG (1918–1921)

... Wenn auch Anthroposophie zunächst ihre Wurzeln in den schon gewonnenen Einsichten in die geistige Welt hat, so sind das doch nur ihre Wurzeln. Ihre Zweige, ihre Blätter, Blüten und Früchte wachsen hinein in alle Felder des menschlichen Lebens und Tuns.

Die Zeit im Leben Rudolf Steiners, in der sich diese Aussage auch für die Öffentlichkeit bewahrheiten sollte, brach mit dem tragischen Ende des Ersten Weltkriegs an. Seit 1916 hatte Steiner auf die mögliche Niederlage der Mittelmächte hingeblickt. Hinter ihr sah er riesengroß die soziale Frage aufsteigen. Seine Lehrtätigkeit 1916–1918 war durchzogen von dem Bemühen, zunächst bei den Mitgliedern der Anthroposophischen Gesellschaft für diese Sphinxfrage des 20. Jahrhunderts Verständnis zu wecken.

Am 9. November, dem Tage der Revolution in Deutschland, begann er in Dornach mit einer Vortragsreihe: *Entwicklungsgeschichtliche Unterlagen zur Bildung eines sozialen Urteils.* In Mitteleuropa breitete sich die Stimmung tiefer Niedergeschlagenheit und Hoffnungslosigkeit aus. Dem suchte Steiner für seinen Teil gesundende Einsichten entgegenzustellen. Wo er nur konnte, sprach er über *die Kernpunkte der sozialen Frage,* und wo sich die Möglichkeit dazu bot, suchte er in die Praxis des sozialen Lebens helfend einzugreifen. Solcher Möglichkeiten waren viele. Vorübergehend bestand vor allem in Württemberg bei der Arbeiterschaft eine aufnahmebereite Situation. Von vielen Seiten rief man Steiner zu Hilfe. Im April sprach er in Stuttgart vor Tausenden von Arbeitern der Bosch-, Delmonte- und Daimler-Werke. Da ging es nicht mit Samthandschuhen zu. Steiner war der harten Stimmung der Betriebsräte- und Arbeiterausschußzusammenkünfte gewachsen. Viele faßten Vertrauen zu ihm. Es bildete sich zur Verwirklichung seiner Ideen auf sozialem Felde der «Bund für Dreigliederung des sozialen Organismus». Ihm gehörten manche Persönlichkeiten an, die sonst völlig außerhalb der Anthroposophischen Lebenskreise standen.

Der Grundgedanke dieser «Bewegung für Dreigliederung» war, daß das soziale Leben der Menschheit nur gesunden könne, wenn es bewußt gegliedert würde. Die selbständig gewordene Individualität kann nicht mehr die Allmacht des Staates anerkennen. Die Arbeitskraft des Einzelnen darf nicht zur Ware degradiert werden. Alle Einrichtungen in Staat und Wirtschaft müssen so getroffen werden, daß die Würde des arbeitenden Menschen nicht angetastet werden kann.

Um diese Ziele in der Wirklichkeit zu erreichen, bedarf es nach Steiner der Entflechtung von Staat, Wirtschaft und Geistesleben.

1. Der Staat der Vergangenheit (und erst recht alle totalitären Staaten, die seit 1919 entstanden und teilweise vergangen sind!) überschritt und überschreitet die ihm gesetzten Grenzen. Sein Gebiet

1915

als öffentlicher Rechtsstaat soll sich auf das eigentliche politische Leben und die Aufgabe, seine Bürger nach innen und außen zu schützen, beschränken. Vom Armenrecht über das Arbeitsrecht bis zum Strafrecht mit den dafür notwendigen Institutionen (Polizei, Heer) sollte der Arm des Staates reichen. Nicht weiter! Vor ihm gilt für alle: Gleichheit.

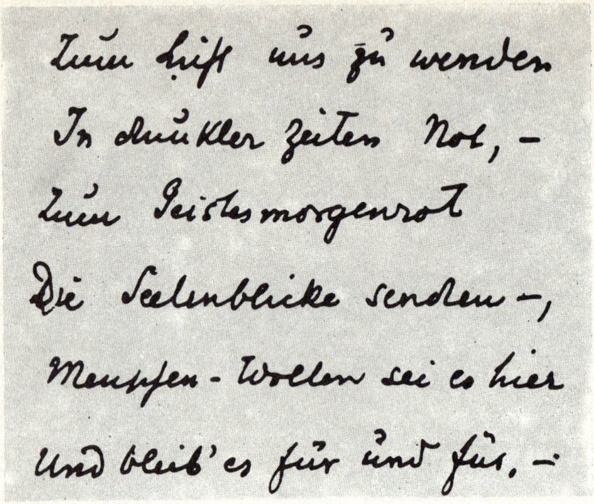
Zum Licht uns zu wenden
In dunkler Zeiten Not, –
Zum Geistesmorgenrot
Die Seelenblicke senden –,
Menschen-Wollen sei es hier
Und bleib' es für und für. –

Spruch zum Hochschulkurs in Dornach, Oktober 1920

2. Aber der Staat sollte nicht selber Wirtschaftsunternehmer sein. Wirtschaft ist zunehmend eine großräumige Angelegenheit, an der viele, letztlich alle Völker beteiligt sind. Nicht die Regel, sondern die Notausnahme sollte es sein, wenn sich ein Staat als wirtschaftlicher Unternehmer betätigt. Um so mehr aber sollten alle am Wirtschaftsprozeß (Produktion, Warenzirkulation und Warenkonsum) Beteiligten durch Bildung von Gremien der Produzenten und Konsumenten zusammenarbeiten. Hier gilt es in unsentimentaler Weise, Brüderlichkeit zu verwirklichen.

3. Und schließlich: Der Staat sollte darauf verzichten (in den USA ist man heute in dieser Beziehung schon erheblich weiter als in Europa) seine Bürger geistig zu bevormunden. Für alle Belange von Kunst, Wissenschaft (auch Schule) und Religion muß die Freiheit gewährleistet sein.

Freiheit im Geiste, Gleichheit vor dem Recht, Brüderlichkeit in der Wirtschaft – so gab Rudolf Steiner den alten Idealen der Französischen Revolution einen neuen, realistischen Inhalt.

Er hat diese Idee der Dreigliederung nie als eine Ideologie angesehen, die man laut Programm in der Welt, notfalls mit Gewalt, durchzusetzen versucht.

Die Tatsachen selbst verlangen eine solche Verselbständigung der drei Systeme des sozialen Organismus. Darum ist es für Steiner eine Bewußtseinsfrage, ob man in diesem Sinne den Tatsachen gerecht wird oder nicht.

Haben die Jahrzehnte seitdem ihm nicht weitgehend recht gegeben?

Im Jahre 1919 jedoch drang Rudolf Steiner nicht durch. Sehr bald geriet die Dreigliederungsbewegung, der sich einige sehr aktive Vorkämpfer zur Verfügung gestellt hatten, zwischen die Mühlsteine des Unternehmeregoismus und des Mißtrauens der Gewerkschaftsfunktionäre. Was auf die freie Einsicht und guten Willen angewiesen war, wurde zum Kampfobjekt von Politikern, die sich nicht auf das wirklich Neue einlassen wollten. Von heute auf morgen rief Steiner seine Mitarbeiter zurück und beendete diesen, wie wir meinen, weltgeschichtlichen Versuch zur Lösung der sozialen Frage. Es war noch nicht an der Zeit. Sind aber soziale Experimente vergeblich, wenn sie beim ersten Anlauf nicht durchdringen? Gibt das anfängliche Scheitern eine endgültige Antwort über den Wirklichkeitsgehalt einer Idee? Doch wohl kaum!

WALDORFSCHUL-PÄDAGOGIK (1919–1924)

Die pädagogische Bewegung, welche durch Rudolf Steiner inauguriert wurde, ist unter dem Namen einer Zigaretten-Fabrik als «Waldorf-Schulbewegung» bekannt geworden. Wie zumeist in seinem Leben, wartete Rudolf Steiner auf einen Anstoß von außen, ehe er sich zum Handeln entschloß. Für die Pädagogik ging er von Kommerzienrat Emil Molt, dem Direktor der «Waldorf-Astoria» aus. Dieser war in einem ungewöhnlichen Maße darum besorgt, daß die Arbeiter und Angestellten des ihm anvertrauten Werkes als Menschen gewürdigt und gefördert würden. Arbeiterbildungskurse gehörten ebenso selbstverständlich zu den Leistungen der Firma wie eine Betriebszeitschrift von hohem Niveau, Kinderbetreuung der Arbeiter und dergleichen – freiwillige Sozialmaßnahmen, die in der damaligen Zeit noch zu den Seltenheiten gehörten. Der Wunsch, daß die Bildungsarbeit nicht nur den Erwachsenen zugute käme, sondern auch den Kindern der Arbeiter, entstand in diesen selbst. Emil Molt griff diese Regung auf und gab die damit verbundenen Fragen an Rudolf Steiner weiter mit der Bitte um Unterstützung bei einer solchen Betriebsschulgründung. So entstand ein Jahr nach dem totalen Zusammenbruch des Deutschen Reiches 1919 die erste Waldorfschule – zunächst als Betriebsschule einer Zigarettenfabrik – in Wirklichkeit als fruchtbarer Keim einer Weltschulbewegung.

Dr. h. c. Emil Molt (1876–1936)

Als Schüler und Student hatte Steiner reichlich Gelegenheit gehabt, sich pädagogische Erfahrungen anzueignen. Mußte er sich doch zunächst sein Taschengeld und später einen guten Teil seines Lebensunterhaltes durch Erteilung von Nachhilfe- und Privat-Stunden an Jugendliche erwerben. Als Lehrer an der Arbeiter-Bildungsschule in Berlin erteilte er durch mehr als fünf Jahre regelmäßig Unterricht an Erwachsene. 1907 gab er die kleine Schrift heraus: *Die Erziehung des Kindes vom Gesichtspunkte der Geisteswissenschaft.*

Zwölf Jahre später wurde ihm die Möglichkeit gegeben, seine Gedanken und Ideen in die Tat umzusetzen. Es muß ein guter Stern über diesem, in der deutschen Verfallszeit maßlos schweren Beginn der anthroposophischen Schulbewegung gestanden haben. Denn blickt man heute zurück, so ist es erstaunlich, welche Fülle überdurchschnittlicher Pädagogen in kürzester Zeit zusammenströmten, um das erste Lehrer-Kollegium zu bilden. Persönlichkeiten wie Stockmeyer, Dr. Kolisko, Dr. Stein, Prof. von Baravalle, Dr. Hahn, Dr. Lehrs, Dr. Schwebsch, Dipl.-Ing. Alexander Strakosch, Ernst Bindel, Ernst Uehli, Maria Röschl, Caroline von Heydebrand, der Maler Max Wolfhügel, der Musiker Paul Baumann und viele andere, die später fast alle durch selbständige Publikationen bekannt wurden, schufen die einzigartige geistgetragene Atmosphäre der ersten Waldorfschule.

In der oben genannten Erziehungsschrift findet sich der Satz: *Die Geisteswissenschaft wird bis auf die einzelnen Nahrungs- und Genußmittel alles anzugeben wissen, was hier in Betracht kommt, wenn sie zum Aufbau einer Erziehungskunst aufgerufen wird. Denn sie ist eine realistische Sache für das Leben, nicht eine graue Theorie, als was sie allerdings heute noch nach den Verirrungen mancher Theosophen erscheinen könnte.* Nun, jetzt war die Anthroposophie zum Aufbau dieser Erziehungskunst aufgerufen! Rudolf Steiner machte die Schule zu seiner Herzensangelegenheit. Von 1919 bis 1924 hielt er für Lehrer und Erzieher in Deutschland, England und Holland nicht weniger als 15 Vortragszyklen, in denen er die pädagogischen Leitideen auf Grund seiner anthroposophischen Menschenkunde gab.

Ende August 1922 wurde Rudolf Steiner als Gast der englischen Erziehungstagung nach Oxford berufen, einer Konferenz über das Thema: «Spiritual Values in Education and Social Life». Hier in England fand Steiner, was ihm im übrigen Leben selten zuteil geworden ist: öffentliche dankbare Anerkennung.

Dem Bericht des «Manchester Guardian» (3. 8. 1922) entnehmen wir: «Die ganze Konferenz findet ihren Mittelpunkt in der Persönlichkeit und Lehre Dr. Rudolf Steiners ...

Seine Vorträge, für welche wir unseren ganz besonderen Dank aussprechen, haben uns in lebendiger Weise ein menschheitliches Erziehungsideal gebracht. Er hat zu uns gesprochen von Lehrern, welche frei und gemeinschaftlich, unbeengt durch äußere Vorschriften und Reglementierungen, ihre Erziehungsmethode einzig und allein aus ihrer genaueren Kenntnis der menschlichen Natur entwickeln. Er hat zu uns von einer Art von Erkenntnis gesprochen, welche der Lehrer braucht, einer Erkenntnis der menschlichen Wesenheit und der Welt, die sowohl wissenschaftlich ist, als auch in das intimere Innenleben eindringt, die intuitiv und künstlerisch ist.»

Hier sei in äußerster Kürze das Wichtigste von den Anregungen Steiners für das Schulwesen mitgeteilt:

Die Waldorfschule – und nach diesem Modell sind alle späteren Rudolf Steiner-Schulen aufgebaut – ist eine einheitliche Volks- und Höhere Schule in 12 Klassen. (Heute haben viele Rudolf Steiner-Schulen eine 13. Klasse zur Vorbereitung auf das Abitur.) Die Schule will keine Weltanschauungsschule sein, in der etwa Anthroposophie gelehrt wird. Der Lehrer, welcher sich so verhielte, wäre ein schlechter Waldorflehrer. Aber aus der eigenen Arbeit und dem Leben mit der Anthroposophie und dem in dieser gegebenen Menschenbild wirkt der Erzieher und Lehrende. In der Schule geht es ausschließlich um allgemeine Menschenbildung. Der junge Mensch soll die Hilfen erfahren, die er braucht, sich selbst zu finden, um später den vollen Anschluß an das heutige Berufs- und Kulturleben zu vollziehen. Von Anfang an war das Prinzip der Koedukation selbstverständlich, nach dem Knaben und Mädchen gemeinsam unterrichtet werden und sich bewußt-unbewußt durch die polaren Veranlagungen fördern. Das sonst so gefürchtete «Sitzenbleiben» gibt es in den Waldorfschulen nicht – aber auch nicht die heute oft so gerühmte Spitzen-Selektion der Begabten. Dafür wird um so mehr soziales Verhalten geübt. Der fortgeschrittene Schüler wird angehalten, dem Unbegabteren zu helfen. So lernt er seine sonst brachliegenden sozialen Kräfte zu gebrauchen.

Um den zerstückelten und zerstückelnden Lehrplan zu vermeiden, erfolgt der Hauptunterricht in «Epochen» von täglich zwei Stunden, ohne Pause durch mehrere Wochen. Dann wechselt das Hauptfach. Anschließend an diesen «Epochenunterricht» folgen Fächer, die der ständigen Übung bedürfen: Fremdsprachen, musische und handwerkliche Fächer, Leibeserziehung, Eurythmie.

Vom 1. bis zum 8. Schuljahr haben die Kinder den gleichen Klassenlehrer, welcher den Hauptunterricht erteilt. Auf diese Weise bildet sich beim Lehrer durch jahrelange Erfahrung eine subtile Kenntnis der heranwachsenden jungen Menschen. Die Kinder wachsen zu einer engen Klassengemeinschaft zusammen.

Von dem 9. bis zum 12. Schuljahr wird auch der Hauptunterricht von Fachlehrern erteilt. Auf dieser Stufe werden die Kinder heute vielfach nach ihren Begabungen in einen wissenschaftlichen und einen praktischen Zug geteilt.

In den Sprachen Englisch und Französisch beginnt der Unterricht bereits in der 1. Klasse, um die Kinder auf dem Wege der natürlichen Nachahmung durch Hören in die Sprache einzuführen, so wie sie ihre Muttersprache zuvor gelernt haben. Die Regeln der Grammatik werden erst später erlernt. Latein tritt vom 6. Schuljahr als dritte Fremdsprache hinzu. Besonderer Wert wird auf das Sprechen, auf die Gestaltung des Wortes jedes Kindes gelegt. Ein inneres Verhältnis zur Sprache wird angestrebt.

Aller Unterricht vom 1. bis 8. Schuljahr soll künstlerisch durchdrungen werden. Gewicht wird auf die Gewinnung von Handfertigkeit gelegt. Handarbeit wie Stricken, Weben, Flechten, Buchbinden sind Pflichtfach für Knaben und Mädchen. Zum Werkunterricht ge-

Die erste Waldorfschule in Stuttgart, 1919

hört Schnitzen, Holzarbeiten sowie das Arbeiten mit Ton, Stein, Metall. Malen und später auch Zeichnen werden ausgiebig geübt.

Die Kinder lernen im Musikunterricht in der Regel die Blockflöte zu spielen, jede Schule besitzt Chöre und Orchester. Wesentlich in das Ganze der Schule ist die Eurythmie eingegliedert.

Gymnastik, Sport, Leichtathletik verstehen sich im heutigen Zeitalter von selbst.

Der Religionsunterricht wird dem Wunsche der Eltern entsprechend von den Kirchenbeauftragten erteilt. Schüler, die am kirchlichen Unterricht nicht teilnehmen, erhalten eine freie christliche Religionsunterweisung.

Großes Gewicht wird auf das wirksame Vertrauensverhältnis von Lehrern und Eltern gelegt. Elternabende gehören zu den regelmäßigen Einrichtungen.

Die Festgestaltung im Hochsommer und Advent, die Aufführung der «Oberuferer Weihnachtsspiele», die regelmäßigen Monatsfeiern tragen dazu bei, daß sich um die Schulen eine schützende Hülle bildet, innerhalb derer die Schulgemeinschaft von Eltern, Lehrern und Schülern lebt.

Selbstverständlich haben diese Schulen auf dem Wege ihrer Verwirklichung im einzelnen manche Krise zu bestehen gehabt und immer neu zu bestehen. Vor allem ist es der Mangel an geeigneten Fachlehrern auf der Oberstufe, der infolge des schnellen Wachstums und der Ausbreitung der Schulen zu schaffen macht. Es verlangt starke und selbstlose Lehrer-Persönlichkeiten, wenn auf die Forderung einer äußeren Autoritätsanerkennung verzichtet werden soll. Ein hohes Maß von geistiger Stoffdurchdringung muß vorhanden sein, sollen die jungen Menschen das Material sich aneignen, das im Berufsleben des 20. Jahrhunderts gefordert wird. Gleichzeitig sollen sie vor den schädlichen Folgen eines materialistischen Zeitalters geschützt werden. Als Rudolf Steiner 1925 starb, gab es in Deutschland zwei, in Holland und England je eine Schule.

1979 bestehen in Westdeutschland 57 und im Ausland etwa 150 Schulen. (U. a. in Holland, England, Frankreich, Schweiz, Skandinavien, USA, Mexiko, Brasilien, Argentinien.)

Die Waldorfschule in Stuttgart, 1961 (Hofseite des Hauptgebäudes)

Rudolf-Steiner-Schule in Helsinki

Klinisch-Therapeutisches Institut Arlesheim

MEDIZIN (1920—1924)

Bald nach der Gründung der Waldorfschule wurde an Rudolf Steiner auch die Frage und Bitte herangetragen, ob er etwas zur Erweiterung der Heilkunst beitragen könne; die seither sichtbar gewordene Krise der Medizin veranlaßte die Fragenden zu dieser Bitte. Sie lag um so näher, als den Mitgliedern der Anthroposophischen Gesellschaft bekannt war, daß Rudolf Steiner schon 1911 in Prag einen Vortragszyklus über *Okkulte Physiologie* gehalten hatte.

Der Gefahr, daß sich auf Grund des verbreitenden Interesses für medizinische Fragen bei Laien Dilettantismus breit machen könnte, trat Steiner vom ersten Augenblick energisch entgegen. Neben ganz wenigen, begründeten Ausnahmen ließ er nur Ärzte und Medizinstudenten zu den Kursen zu, die er in den Jahren 1920—1924 über Heilkunst hielt. Wieder gab die Menschenkunde, die er durch fast zwei Jahrzehnte als Lehrer der Anthroposophie ausgearbeitet hatte, die eigentliche Grundlage.

In seinem Buche *Von Seelenrätseln* (1917) hatte er eine fundamentale Darstellung des Zusammenhanges der Seelenfunktionen mit den Leibesprozessen gegeben. Diese fand nun ihre Anwendung auf dem physiologischen Felde. Nach dieser Darstellung wird die gesunde Dynamik des menschlichen Organismus verständlich als das Zusammenwirken von drei mehr oder weniger «autonomen» Organsystemen:

1. Dem Nerven-Sinnes-System als primärem Träger der Sinneswahrnehmung und des Vorstellungslebens.
2. Dem Stoffwechselsystem, dem auch Geschlecht und Gliedmaßenbetätigung zuzuordnen sind. Es bildet die physiologische Grundlage des Willenslebens.
3. Dem zwischen diesen beiden polaren Prozessen ausgleichenden Zirkulations- und Atmungssystem (Kreislauf, Herz, Lunge) als primärem Träger des Gefühlslebens.

Dr. med. Ita Wegman (1876—1943)

Einseitiges Überwuchern oder Versagen eines der Systeme führt zur Krankheit.

Der «Leibes-Mensch» bleibt in seinen Organen und Prozessen unverstanden, wenn er nicht zugleich als Ausdruck des «übersinnlichen Menschen» erforscht wird. Allgemeines Gerede von Seele und Geist führt nicht weiter, wohl aber eine differenzierte Kenntnis, in welcher Weise die spezifischen Organe und Organsysteme am Leben der Seele und des Geistes beteiligt sind. Diese allgemeinen Gesichtspunkte wurden durch eine Fülle konkreter Hinweise und Angaben unterbaut. Steiner gab den ihn befragenden Ärzten die Möglichkeit einer anthroposophischen Diagnose der Krankheitserscheinungen und Anleitung für entsprechende therapeutische Methoden. Erst nach seinem Tode erschien das Buch *Grundlegendes für eine Erweiterung der Heilkunst nach geisteswissenschaftlichen Erkenntnissen* (1925), das er, gemeinsam mit der Ärztin Dr. Ita Wegman, der ersten Leiterin der medizinischen Sektion am Goetheanum und Begründerin der Klinik zu Arlesheim, geschrieben hatte.

Nicht um eine Opposition gegen die mit den anerkannten wissenschaftlichen Methoden der Gegenwart arbeitende Medizin handelt es sich. Diese wird von uns in ihren Prinzipien voll anerkannt. Und wir haben die Meinung, daß das von uns Gegebene nur derjenige in der ärztlichen Kunst verwenden soll, der im Sinne dieser Prinzipien vollgültig Arzt sein kann.

Allein wir fügen zu dem, was man mit den heute anerkannten wissenschaftlichen Methoden über den Menschen wissen kann, noch weitere Erkenntnisse hinzu, die durch andere Methoden gefunden werden, und sehen uns daher gezwungen, aus dieser erweiterten Welt- und Menschenerkenntnis auch für eine Erweiterung der ärztlichen Kunst zu arbeiten.

Die mit diesem Buche und den Lehrkursen gegebenen Anregungen haben sich im Laufe der fast vierzig Jahre, die seit Rudolf Steiners Tod vergangen sind, so ausgewirkt, daß heute mehr als tausend Ärzte im Sinne einer «anthroposophischen Medizin» wirksam sind und eine Reihe von Kliniken und Sanatorien dieser Wirksamkeit dienen.

Die Arlesheimer Klinik wurde zum «Mutterhaus» dieser medizinischen Bewegung. Seit einigen Jahren hat sich auch die medizinische Sektion am Goetheanum neu gebildet. In Deutschland pflegen sich alljährlich in der Osterzeit auf der Comburg (Schwäbisch Hall) an die 200 Ärzte zu einer Konferenz zu treffen.

Für die sogenannten «Geisteskranken» gründete der Psychiater Dr. Friedrich Husemann (gest. 1959) das Sanatorium Wiesneck (Buchenbach bei Freiburg i. Breisgau) mit einer «Geschlossenen Abteilung».

Weleda-A.G. in Schwäbisch Gmünd

Die medizinischen Lehrkurse enthielten auch mannigfaltige Anregungen für eine neue Anwendung von Heilmitteln. Hier ist es vor allem der Initiative des Pharmazeuten Dr. Schmiedel zu danken, daß auf Grund dieser Hinweise die Produktionsstätten für Arzneimittel in Arlesheim und Schwäbisch Gmünd (die Weleda-A.G.) entstanden, von denen aus heute zahlreiche Filialbetriebe auf internationaler Basis begründet wurden.

Aus verwandten Motiven entstand unter Dr. Hauschka in Eckwälden bei Stuttgart die «Wala»-Fabrikation von Heil- und Stärkungsmitteln.

Ein spezielles medizinisches Forschungsprogramm verfolgt unter Leitung der Ärzte Kaelin und Leroi der «Verein für Krebsforschung Arlesheim-Schweiz».

«Das Ziel des Vereins für Krebsforschung ist die Ausarbeitung eines von Rudolf Steiner angegebenen Heilmittels gegen den Krebs und die Vervollkommnung der Behandlungsmethoden. Das Heilmittel trägt den Namen ‹Iscador›. Es wird aus verschiedenen Mistelarten (Viscum album) hergestellt . . . Der Verein wird von Ärzten geleitet, die, wie alle Ärzte, in ihrer Praxis täglich mit dem Krebs zu kämpfen haben.»

Nie ist Rudolf Steiner als «Heiler» aufgetreten. Doch viele Menschen danken ihm und seiner Wirksamkeit ihre Heilung. Alle, die ihn in seiner letzten Lebenszeit aus der Nähe kennenlernten, waren erstaunt über das hohe Maß an Detailkenntnis, das er auch auf dem medizinischen Gebiet besaß. *Die Anthroposophie bildet, bevor sie über das Geistige Aussagen macht, die Methoden aus, die sie berechtigen, solche Aussagen zu machen.*

Helgeseter bei Bergen (Norwegen)

DIE HEILPÄDAGOGIK (1924)

Die Zunahme von psychopathischen Kindern in unserer Zeit ist eine unleugbare und äußerst ernst stimmende Tatsache. Durch Rudolf Steiner wurde die «heilpädagogische Bewegung» ins Leben gerufen.

Wieder gab ein äußerer Anlaß die Anregung. Drei junge Studenten hatten die Aufgabe, psychopathische Kinder zu pflegen. Sie erbaten Rat von Rudolf Steiner. Sie erhielten ihn und begründeten bei Jena das erste heilpädagogische Institut, den «Lauenstein» (1924). Bald darauf wurden der Arlesheimer Klinik gleichfalls «seelenpflegebedürftige» Kinder vom Schicksal zugeführt. Es entstand unter Leitung von Dr. Ita Wegman der «Sonnenhof» in Arlesheim. Wer hätte damals ahnen können, daß aus diesen beiden Keimzellen unter denkbar primitiven Verhältnissen eine Bewegung entstehen würde, die heute über 100 Institute unterhält und in denen Tausenden von Kindern geholfen wird?

Der Grundgedanke für diese von größter Selbstaufopferung getragene Arbeit geht aus der Anthroposophie unmittelbar und wie von selbst hervor. Schicksal (Karma) hat die Seelen der Kinder in erkrankte, mißgebildete Leiber geführt. Eine solche Verkörperung ist keineswegs sinnlos und vergeblich. Sie vermittelt Erlebnisse und Erfahrungen, die von der ewigen Individualität im Leben nach dem Tode verarbeitet werden und zu neuen Kräften für eine nächste Inkarnation heranreifen. Darum gilt es, den erkrankten Kindern mit einem Höchstmaß von Verständnis und Liebe zu begegnen. In einem Kursus in Dornach (Juni 1924) vermittelte Steiner dem ersten Kreise werdender Heilpädagogen die bis ins einzelne gehenden Erkenntnisse der Kindererkrankungen und richtete an sie den Appell zur Opfer-

Cresset-House bei Johannesburg (Südafrika)

willigkeit für den entsagungsvollen Beruf eines Heilpädagogen: *Enthusiasmus im Erleben der Wahrheit* und *Die Andacht zum Kleinen.*

Was gehört vor allen Dingen zum Erziehen solcher Kinder? Nicht die bleierne Schwere, sondern Humor, wirklicher Humor. Lebenshumor!

Die heilpädagogische Arbeit, die Hand in Hand mit der Heileurythmie geschieht, ist der medizinischen Sektion unterstellt. Siebenunddreißig Jahre später schrieb Prof. Dr. med. Jacob Lutz von der Universität Zürich in seinem Lehrbuch: «Kinderpsychiatrie» (1961) über die anthroposophische Heilpädagogik:

«Im Zusammenhang mit der Behandlung schwer schwachsinniger und hirngeschädigter Kinder habe ich seit Jahren prüfen können, was in jenen Heimen geleistet wird, die ihre Tätigkeit auf der Anthroposophie Rudolf Steiners aufbauen. Die Hilfe, die die kranken Kinder dort erfahren, ist so groß und die Behandlungsresultate sind so bedeutungsvoll, daß sie nicht mehr länger übersehen werden dürfen ...

Ich verdanke dem Studium der Menschenkunde, der Pädagogik und Heilpädagogik Rudolf Steiners entscheidende grundlegende Vorstellungen über die Problematik der in diesem Buche zu schildernden Kinder.»

In Schottland, England und Südafrika hat Dr. Karl König (gest. 1966) die heilpädagogische «Camphill-Bewegung» ins Leben gerufen. Zu ihr gehören auch Dorfgemeinschaften, in denen die heranwachsenden Kinder lebenslang tätig sein können. In Schweden bildete sich ein Zentrum bei Stockholm mit den drei Heimen: Mikaelgarden, Solberga und Salto (Ritter und Glaser). In Deutschland besteht in Eckwälden bei Bad Boll neben einem Heim ein Seminar für Heilpädagogen (Dr. Geraths).

DIE LANDWIRTSCHAFT

Wohl die größte Überraschung für alle, die Rudolf Steiners Lebensweg mehr aus der Ferne verfolgt hatten, bot die Tatsache, daß er im Juni 1924 unmittelbar vor dem Kurs für die Heilpädagogen auch einen solchen für Landwirte hielt. Ein Geisteswissenschaftler und Eingeweihter spricht vor Bauern und Gutsbesitzern über Ackerbau, Viehzucht, über Düngung und Fruchtfolge, Waldwirtschaft und bäuerliche Betriebsführung. Es war wirklich ein Novum, dem wohl kaum etwas Vergleichbares zur Seite zu setzen ist. Wie auf allen anderen Gebieten, sprach Steiner nicht als «Theoretiker». Die Teilnehmer des Kurses erlebten einen «Geistesforscher», der über die «Erdrealitäten» vielfach besser Bescheid wußte als sie selber, die ihr Leben lang mit Acker und Vieh umgegangen waren.

Man kann die Anfänge des bäuerlichen Menschen in Rudolf Steiner bis in seine Kindheit zurückverfolgen, als er den Eltern in der Pflege ihres kleinen Gartenanwesens ständig helfen mußte. Kennzeichnend für ihn ist, daß er einst einem übermäßigen Bewunderer, der nach einem Vortrag ihn mit den Worten anschwärmte: «Ja, das verdanken Sie Ihrem gründlichen Studium der Philosophie, daß Sie so großartige Offenbarungen zu geben vermögen» antwortete: *Ich meine, daß ich das, was ich vermag, mehr der Tatsache verdanke, daß ich als Kind gelernt habe, mir meine Schuhe immer selbst zu putzen.*

Dieser «bäuerliche» Steiner fand auch das Vertrauen der ratsuchenden Bauern. Sie bildeten einen «Versuchsring», um die gegebenen Anregungen in die Tat umzusetzen. Manches wurde in den ersten Jahren erreicht. Aber die Zeit des Nationalsozialismus, der Zweite Weltkrieg und seine Folgen haben insbesondere in Deutschland dieses Bemühen vorübergehend zurückgeworfen. Manche Güter und Höfe, die sich in Ost-Deutschland auf die «neue Methode» bereits umgestellt hatten, gingen wieder verloren.

Heute ist diese landwirtschaftliche Bewegung unter dem Namen «biologisch-dynamische Wirtschaftsweise» und deren Erzeugnisse als «Demeter-Produkte» wieder bekannt geworden. Man sollte dieses Wollen nicht mit verschiedenen Reformbestrebungen verwechseln, die mehr oder weniger einseitig z. B. gegen künstliche Düngung opponieren. Den praktischen Ratschlägen Steiners haftet nichts Negatives an. Sie haben das Ziel im Auge: die Gesundung der durch Raubbau und Vergiftung schwer erkrankten Erde und ihrer Früchte. Einsichten in den Haushalt der Natur und die Erkenntnis des Zusammenhanges von Erde und Kosmos sind für diese Landwirtschaft die Voraussetzungen für eine Heilung von Boden, Pflanze und Tier — und damit auch des Menschen. Durch eine Summe von konkreten Hinweisen brachte Steiner die ihm vertrauenden Gärtner und Landwirte auf eine Bahn, die sie seitdem mit Energie verfolgen.

DIE BEGRÜNDUNG DER CHRISTENGEMEINSCHAFT (1921–1922)

In den Wirren der Zeit nach dem Ersten Weltkrieg befand sich die evangelische Kirche Deutschlands in einer Notsituation. Da wandte sich ein Kreis von jüngeren Theologen und Theologiestudenten um Rat und Hilfe an Rudolf Steiner. Dieser hatte stets betont, daß er niemals als «Religionsgründer» tätig sein wolle. Anthroposophie als Geisteswissenschaft hat es primär mit Erkenntnissuche und Wahrheitsfindung zu tun. So kann in der Anthroposophischen Gesellschaft jedermann unabhängig von seiner Religionszugehörigkeit Mitglied sein.

Anthroposophie stört niemandes religiöses Bekenntnis, so formulierte Rudolf Steiner 1917 in Basel das Verhältnis seiner Lehre zu den Konfessionen.

Man kann nicht die Anthroposophie unmittelbar zu einer Religion machen. Aber aus wirklich verstandener Anthroposophie wird auch ein wirklich echtes, wahres, ungeheucheltes religiöses Bedürfnis entstehen. Denn die menschliche Seele braucht verschiedene Wege, um auf der Bahn ihres Zieles heraufzusteigen. Die menschliche Seele braucht nicht nur den Weg durch die Erkenntniskräfte, die menschliche Seele braucht auch das Durchglüht- und Durchwärmtsein mit jener Art, sich zur geistigen Welt zu stellen, wie's in dem religiösen Bekenntnis, in wirklich religiösem Empfinden vorliegt.

Im gleichen Jahre 1917 berührte Rudolf Steiner auch in Berlin dieses Thema: *Man sollte die Sache nicht so darstellen, als ob geisteswissenschaftliche Bestrebungen ein Ersatz sein sollten für die religiöse Übung und das religiöse Leben. Geisteswissenschaft kann im höchsten Maße und insbesondere auch mit Bezug auf das Christus-Mysterium eine Stütze, eine Unterbauung des religiösen Lebens und der religiösen Übung sein; aber man sollte sich klar sein darüber, daß Religion in ihrem lebendigen Leben, in ihrem Geübtwerden innerhalb der menschlichen Gemeinschaft das Geistesbewußtsein der Seele entfacht. Soll dieses Geistbewußtsein im Menschen lebendig werden, so kann der Mensch nicht bei abstrakten Vorstellungen von Gott oder Christus stehen bleiben, sondern er muß immer erneuert in der religiösen Übung, in der religiösen Betätigung, die ja für die verschiedenen Menschen die verschiedensten Formen annehmen kann, darinnen stehen ...*

Unter den Hörern, die diese Worte aufnahmen, saß auch der damals wohl bedeutendste Kanzelredner der evangelischen Kirche in Berlin: Lic. Dr. Friedrich Rittelmeyer, ein tief religiöser Mensch und Seelsorger zugleich. Dieser war 1916 von Nürnberg, wo er mit seinem Freunde Dr. Christian Geyer als Verkünder der Botschaft Jesu Christi ein hohes Maß von Wirksamkeit innerhalb der evangelischlutherischen Kirche erreicht hatte, nach Berlin an die «Neue Kirche» am Gendarmenmarkt berufen. In Nürnberg wie in Berlin waren die Kirchen, wenn Rittelmeyer predigte, stets überfüllt. Die Predigtbände von Geyer-Rittelmeyer: «Gott und die Seele» und «Leben aus Gott» hatten weite Verbreitung gefunden, sie waren in vielen evangelischen Häusern zu finden.

In Berlin war Rittelmeyer Mitglied der Anthroposophischen Gesellschaft geworden. Im Jahre 1921 erfuhr er von dem Bestreben des Kreises von jüngeren Theologen, die sich mit der Bitte um Rat und Hilfe für eine religiöse Erneuerung der christlichen Kirche an Rudolf Steiner gewandt hatten. Dieser ging auf die vorgetragenen Wünsche ein und lud die Theologen zu zwei Kursen ein: zu Pfingsten nach Stuttgart und im Herbst nach Dornach.

Der Eindruck, den alle Beteiligten von diesen Wochen empfingen, wirkte in die Tiefe. Zur Überraschung vieler erwies sich Rudolf Steiner als ein denkbar versierter und zugleich tieffrommer Theologe, der die kirchlichen und kultischen Probleme nicht nur kannte, sondern auch Rat zu geben vermochte. Die damals von Steiner gegebene Charakterisierung der kirchlichen Lage formulierte etwa dreißig Jahre später der protestantische Theologe Paul Tillich: «Ein völliges Verschwinden des sakramentalen Elementes würde zu einem Verschwinden des Kultus und schließlich zu einer Aufhebung der Existenz der sichtbaren Kirche führen.» Während aber Tillich mit Sorge das «Sterben der Sakramente» beobachtet und resigniert feststellt: «Gegen-Kräfte sind nirgends sichtbar... auch nicht in der Theologie», gab Rudolf Steiner den um ihn versammelten Theologen eine ausführliche Begründung für einen zukünftigen Sakramentalismus, ohne den eine christliche Gemeindebildung unmöglich sei. Mit größtem Ernst wies er auf die notwendige Voraussetzung einer solchen christlich religiösen Erneuerung hin: daß ihre Träger und Verkünder selbst gottbegeisterte Menschen sein müssen, die mit allen Kräften sich bestreben, ein «Leben aus Gott» zu führen. Diese Mahnung und dieser Aufruf wurde von einem Teil der um Rudolf Steiner versammelten Theologen aufgenommen. Sie gaben ihre bisherigen Stellungen und Berufe auf und stellten sich dieser «Bewegung für religiöse Erneuerung» zur Verfügung. In Berlin, Marburg und Tübingen hatten sich alsbald kleine Kreise vor allem von Studenten gebildet, die sich mit Enthusiasmus auf die von ihnen zu ergreifende Lebensaufgabe vorbereiteten.

Schon ein Jahr später wurde im September 1922 in Dornach, wieder mit der entscheidenden, selbstlosen Hilfe Rudolf Steiners, die «Urgemeinde der Christengemeinschaft» begründet. An ihre Spitze trat jetzt Friedrich Rittelmeyer, umgeben von aktiven Mitarbeitern vor allem der jüngeren Generation. Doch auch einzelne Ältere wirkten mit — so der Indologe der Berliner Universität Prof. Hermann Beckh, bekannt durch seine Darstellung des Buddhismus, Pfarrer August Pauli, der einstige Mitarbeiter von Johannes Müller, Friedrich Rittelmeyers Bruder Heinrich Rittelmeyer, Rektor am Herforder Lehrer-Seminar u. a. Neben die Theologen traten Künstler, Pädagogen, Führer der Jugendbewegung. Alle hatten den Ruf der «Nachfolge» vernommen und die Brücken zu ihrem bisherigen Berufsleben abgebrochen. Wie von urchristlichem Pfingstgeist beseelt, sah sich dieser Gründerkreis der Priesterschaft der Christengemeinschaft in die Welt zu allen Völkern und Menschen ausgesandt.

Im Dienst an der «Johanneischen Kirche» im Sinne von Schelling und Novalis — ohne petrinische Sukzession — verwaltet die neu-

Dr. Friedrich Rittelmeyer (1872—1938). Mitbegründer und erster Leiter der Christengemeinschaft

Kirche der Christengemeinschaft in Berlin

begründete Priesterschaft der Christengemeinschaft die sieben Sakramente – bei Ablehnung jeglichen Dogmas zugunsten der Lehrfreiheit der Pfarrer und der Bekenntnisfreiheit der Gemeindeglieder. Zum ersten Male in der Geschichte der christlichen Kirche stehen in der Christengemeinschaft Frauen als Priesterinnen in gleichem Dienste neben den Priestern an den Altären.

Diese Begründung einer christlich-kirchlichen Gemeinschaft mit Hilfe Rudolf Steiners ist oft mißverstanden worden. Es sollte nicht der Anthroposophie und der Anthroposophischen Gesellschaft so etwas wie ein «religiöser Flügel» angegliedert werden. Das wäre eine Verkennung sowohl der Anthroposophie wie der Christengemeinschaft. Anthroposophie will nach ihren Vorbedingungen eine geisteswissenschaftliche Erkenntnisströmung sein und als solche muß sie, soll sie vollmenschlich sein und bleiben, das religiöse Element immanent in sich haben. Die Christengemeinschaft fühlt in ihrem Selbstverständnis sich als Glied der unsichtbaren «Kirche Christi», die durch fast zwei Jahrtausende von Jerusalem und dem See Genezareth aus als sichtbare Erscheinungsform ihren Weg über Byzanz, Rom, Genf, Zürich und Wittenberg um die ganze Erde genommen hat. Trotz gesichertem äußerem Bestand erfuhr diese durch viele Wandlungen und Lebensformen gegangene Kirche, im 19. Jahrhundert durch Aufklärung und Liberalismus eine Verweltlichung, welche die Verfälschung der urchristlichen Impulse bedeutete. Dogmatismus und Orthodoxie trugen zu diesem Niedergang bei.

Während jedoch alle anderen christlichen Kirchen und Gemeinschaftsbildungen in dieser inneren Notlage bis heute mehr oder weniger das Lebenswerk Rudolf Steiners höchstens als Störung ihrer eigenen Lebenskreise bemerkt haben, sehen die Gründer der Christengemeinschaft in dem Erkenntniswerk Rudolf Steiners die entscheidende geistige Hilfe für das Zeitalter der Naturwissenschaft und damit zugleich für den Fortbestand der Kirche Christi im 20. Jahrhundert.

Als Sitz für ihre Lenkung wählte die Christengemeinschaft Stuttgart. In wenigen Jahren breitete sich diese «Bewegung für religiöse Erneuerung» zunächst vor allem in den Großstädten Deutschlands aus. Dann aber folgten Gemeindegründungen in der Schweiz, Holland, England, Österreich, Norwegen, Schweden und der Tschechoslowakei. Durch die Folgen des Zweiten Weltkriegs gingen größere Gemeinden wie Prag, Königsberg, Danzig, Breslau und Stettin wieder verloren. In dem damaligen «Groß-Deutschland» wurde die Christengemeinschaft 1941 vom Nationalsozialismus verboten, ihre Gemeinden wurden aufgelöst, ihr Besitz von der Gestapo liquidiert, viele Pfarrer kamen ins Gefängnis.

Nach dem Kriege nahm die Christengemeinschaft in aller Stille zu. Vor allem in Deutschland entstanden zunächst eigene Kirchenräume, dann eigene Kirchengebäude. In Berlin wurde zu Pfingsten 1962 eine «Neue Kirche» der Christengemeinschaft in Berlin-Wilmersdorf eingeweiht, gleichsam als Wiedergutmachung für die zerstörte «Neue Kirche» Rittelmeyers. Neue Gemeinden mit eigenen Pfarrern bildeten sich nun auch in Frankreich, USA, Kanada, Argentinien und Brasilien.

DIE LETZTEN LEBENSJAHRE

1922

Die Intensität, mit der Rudolf Steiner die ihm noch vergönnten sieben Jahre nach dem Ersten Weltkrieg arbeitend lebte, geht über jedes normale Maß hinaus. War schon mit der Erarbeitung und Ausbreitung der Anthroposophie ein volles Lebenspensum erfüllt, so nahmen die Begründungen auf sozialem, pädagogischem, medizinischem u. a. Felde nun seine letzte Kraft in Anspruch. Hinzu kam die Sorge um das Leben der Anthroposophischen Gesellschaft, deren Mitgliederzahl in kurzer Zeit nach dem Kriege erheblich angestiegen war. Damit entstanden zugleich menschliche Schwierigkeiten, deren letzte Regelung immer wieder Steiner zufiel. Von seiten einiger Studentengruppen, die sich an verschiedenen Universitäten gebildet hatten, wurde aktiv für die Anthroposophie geworben. Gegner blieben nicht aus, Kämpfe entstanden aus dem pro und contra, die für Steiner durchaus unerwünscht sein mußten. Angehörige der deutschen Jugendbewegung begegneten innerhalb der Gesellschaft den älteren Mitgliedern, die es zum Teil schwer hatten, die Allüren der «theosophischen» Epoche abzustreifen, mit Anspruch und revolutionärer Gesinnung. Es bildete sich die Stimmung: Die «Alten» wissen viel — und tun wenig. Die «Jungen» wissen wenig — aber wollen viel tun. Solche Gegensätzlichkeiten führten zu inneren Zerreißproben. Hatte das Leben in der Theosophischen, später Anthroposophischen Gesellschaft vor dem Kriege von der Umwelt ungestört seinen Schwerpunkt mehr in der Pflege esoterischer Innerlichkeit gehabt, so wurde es jetzt gezwungen, vor allem durch die Neugründungen, sich der Welt zu stellen. Dem waren wiederum manche Mitglieder nicht gewachsen. Aber auch eine gewisse Überfremdung der anthroposophischen Arbeit machte sich störend bemerkbar. Wissenschaftler wurden Mitglieder, die das spezifisch Neue der Anthroposophie noch nicht genügend in sich aufgenommen hatten. Sie trugen ihre ungeläuterten Denkgewohnheiten der «Außenwelt» in die Arbeit der Gesellschaft. Zum Leidwesen Steiners trat dadurch etwas wie eine schleichende Verfälschung der Anthroposophie selbst auf. Auch enger Sektierergeist und verschwommener Mystizismus ließen sich nicht immer bannen.

Diesen Problemen innerhalb der Mitgliederschaft gesellten sich nicht weniger schwierige von außen hinzu. Im Zusammenhang mit der Inflation gerieten auch die wirtschaftlichen Unternehmungen der Anthroposophischen Gesellschaft, die sich unter dem Namen: «Futurum A. G.» in der Schweiz und «Der kommende Tag A. G.» in Deutschland zusammengeschlossen hatten, in finanzielle Bedrängnis und mußten teilweise liquidiert werden.

Gegner, vor allem aus nationalistischen und konfessionellen Kreisen richteten heftige Angriffe gegen Rudolf Steiner und seine Anthroposophie. Im Mai 1922 kam es in München, anläßlich eines Vortrages über *Anthroposophie und Geisteserkenntnis* im Hotel «Vier Jahreszeiten» zu tätlichen Angriffen von seiten nationalistischer Rowdys auf Steiner. Durch mutiges Eingreifen einiger Freunde (Dr. Noll, Dr. Büchenbacher) konnte er vor Mißhandlungen geschützt werden und durch eine Hintertür des Hotels ausweichen. Seine damals von der Agentur «Wolff und Sachs» arrangierte Tournee hat er dann unbekümmert und ungestört in insgesamt acht deutschen Großstädten zu Ende geführt. Aber es war ein Signal, dem ein weitaus härterer Schlag folgen sollte.

Wie so oft im Leben Rudolf Steiners war die Weihnachtszeit von 1922 auf 1923 für ihn besonders von Leben und Arbeit erfüllt. In einer Vortragsreihe, die ihren inneren Ausgang von dem großen Denker des Mittelalters, dem Kardinal Nikolaus von Kues nahm, behandelte er das Thema *Der Entstehungsmoment der Naturwissenschaft in der Weltgeschichte und ihre seitherige Entwicklung.* Gleichzeitig vertiefte er die Ausführungen, die er schon in den letzten November-Tagen über das Thema *Das Verhältnis der Sternenwelt zum Menschen und des Menschen zur Sternenwelt* begonnen hatte, durch vier «Festvorträge» über *Die geistige Kommunion der Menschheit* während der Weihnachtszeit.

Am Silvesterabend 1922: *Was sonst nur abstrakte Erkenntnis wäre, wird zu einem fühlenden und wollenden Verhältnis zur Welt. Die Welt wird zum Gotteshaus. Der erkennende Mensch ... wird zum opfernden Wesen ...*

Das ist heute unsere große Aufgabe: zu bemerken, wie in der Welt Silvesterstimmung, Hingehendes, Absterbendes ist, wie aber im Herzen derjenigen Menschen, die sich ihres wahren Menschentums, ihres Gottes-Menschtums bewußt werden, Neujahrsstimmung sein muß, Neuzeitstimmung, Auflebestimmung.

Diese letzten Worte seiner Silvester-Ansprache waren verklungen. Der letzte Hörer hatte den Bau verlassen. Über das Folgende berichtet ein Augenzeuge: «Kurz darauf bemerkte der angestellte Wächter Rauch. Die Weckerlinie der Goetheanum-Feuerwehr wurde vom Wächter ... des Goetheanum in Tätigkeit gesetzt, worauf sofort die in der Feuerwehr organisierten Menschen zur Stelle waren. Die Meldung lautete: Rauch im Weißen Saal. Sofort wurden im Südflügel des Baues sämtliche Räume geöffnet und durchsucht. In keinem der Räume war Feuer zu bemerken. Aus der westlichen Außenwand des Südflügels drang Rauch ... Diese Wand wurde sofort durchschlagen, und es ergab sich, daß die Konstruktion im Inneren der Außenwand in Flammen stand. – Als der Alarm ... die Häuser der Umgebung erreichte, stürzten wir hinauf zum Hügel. In wenigen Minuten waren viele Schlauchleitungen gelegt, die Terrasse erstiegen, der Brandherd mit Wasser überschüttet. Noch glaubten wir, daß der Brand eingedämmt und gelöscht werden könne. Die Feuerwehr, unterstützt

von Hunderten von Helfern, setzte wagemutig ihr Leben ein. Doch immer stärker stieg der unheilkündende Rauch aus dem südlichen Flügel des Baues. Wir stürzten ins Innere ... Im großen Kuppelsaal angelangt, empfing uns jedoch schon das Dröhnen der Flammen, die sich zwischen den Wänden hindurchfraßen. Was noch tragbar war, wurde gerettet. Aber bald war der Rauch so dicht, daß der Atem stockte. Eine Stimme rief uns die Anordnung Rudolf Steiners zu, den Bau zu verlassen. Die Gewalt des Feuers hatte über Menschenwillen gesiegt ... Um Mitternacht stürzten die Kuppeln ein, und noch um 7 Uhr morgens flammten die gewaltigen Säulen im zerstörenden Element. Rudolf Steiner umschritt in dieser Nacht den Bau, schweigsam. Nur einmal hörte man ihn sagen: ‹Viele Arbeit und lange Jahre›. Bis zum Morgen stand er vor dem zerstörten Werk, still, nur besorgt, daß kein Mensch gefährdet werde. Seine Größe, Würde und Güte gab uns allen in dieser Nacht die Kraft des Ertragens. Als der Morgen des Neujahrstages heraufstieg, sagte er: ‹Wir werden unsere innere Pflicht weiter tun auf dem Platze, der uns noch gelassen ist.›»

Das Werk von zehn Jahren geistiger und physischer Arbeit war dahin, einer Brandstiftung zum Opfer gefallen. In provisorischen Räumen der benachbarten Schreinerei, in der alle Holzarbeiten für das Goetheanum angefertigt waren, wurde die Tagung am nächsten Tage ohne Unterbrechung und Ausfall fortgesetzt.

Zur angekündigten Zeit erschien Steiner auf einem schnell errichteten Rednerpodium und sprach: *Wir fahren mit den angesagten Vorträgen fort.* Selbst ein «Dreikönigsspiel» fand am Nachmittage des 1. Januar seine geplante Aufführung.

1923

Mit der Vernichtung des ersten Goetheanums war Rudolf Steiner tiefer Schmerz zugefügt. Es war für ihn und die Anthroposophie

Die Ruine des ersten Goetheanums, 1923

in des Wortes eigentlicher Bedeutung ein un-ersetzlicher Verlust. Das ganze Bauwerk, der durch und durch mit verschiedenen Hölzern gestaltete Innenraum und die farbigen Deckengemälde beider Kuppeln ließen sich nicht wieder herstellen. Als einmaliger Ausdruck des künstlerischen Willens, der Rudolf Steiner beseelte, waren sie für immer dahin.

Elementar regte sich in den Mitgliederkreisen der Wunsch zum Wiederaufbau. Zugleich aber wurde deutlich, daß in den guten Willen zu einer solchen Tat sich auch viel Illusionäres mit einmischte. Die Erfahrungen innerhalb der letzten Phase des Wachstums der Gesellschaft hatten Steiner mit Sorge erfüllt. Ihm war die nun täglich vor den Augen liegende Goetheanum-Ruine nicht nur ein Zeichen, daß die Anthroposophie in der Welt Gegner hat, die auch vor Brandstiftung nicht zurückschrecken. Er sah in dieser Trümmerstätte zugleich auch eine Mahnung, daß die Gesellschaft in den letzten Jahren *ohne innere Festigkeit, auch mit etwas Ruinenhaftem in sich* behaftet sei. Darum denkt er an einen Wiederaufbau nur im Zusammenhang mit einer inneren Erneuerung der Anthroposophischen Gesellschaft. *Der Wiederaufbau hat nur einen Sinn, wenn hinter ihm eine ihrer selbst bewußte, ihrer Pflichten eingedenke starke Anthroposophische Gesellschaft steht.*

In erster Linie gilt im Jahre 1923 sein Bestreben dieser Reform

der Gesellschaft und der weiteren Förderung der Stuttgarter Waldorfschule. Vor allem sucht er die deutschen Anthroposophen für eine solche «Selbstbesinnung» durch Rückschau auf manche Fehlentwicklungen in den letzten Jahren zu gewinnen. Nicht weniger als 18 Besuche unternimmt er in Stuttgart, dem jetzt eindeutigen Zentrum der Anthroposophie in Deutschland.

Es sind harte Worte – so nennt er es selbst –, die er zuweilen dort sprechen muß. Aber auch Reisen nach Prag, Oslo, England und Holland dienen vorwiegend diesem Ziele. Die Generalversammlung der Anthroposophischen Gesellschaft in der Schweiz nimmt er zum Anlaß, um in acht Vorträgen unter dem Thema: *Die Geschichte und die Bedingungen der anthroposophischen Bewegung im Verhältnis zur Anthroposophischen Gesellschaft* alles zu sagen, was er von den Mitgliedern erwartet, um eine Gesundung der Gesellschaft herbeizuführen. Überwindung allen Sektengeistes, Sinn für Tatsächlichkeit in allen Lebensgebieten und Mut, allen Verfälschungen der Anthroposophie entgegenzutreten, waren einige seiner Forderungen. Ein wirkliches Ernstnehmen des Geistigen, das in der Anthroposophie nicht als ein theoretisches Lehrgebäude, sondern als ein unsichtbar-lebendiges Wesen sein sollte. *Dann wird vielleicht weniger von Brüderschaft, weniger von allgemeiner Menschenliebe geredet werden, aber sie wird mehr in den Herzen leben, und man wird schon an dem Ton, mit dem die Menschen aussprechen, was sie mit der Anthroposophie verbindet* – merken, wie sie der unsichtbaren Wesenheit Anthroposophie in ihrem Leben dienen.

Die von ihm erstrebte Gesundung kann eintreten, *wenn sich die Anthroposophen kundgeben würden durch ein so fein ausgeprägtes Gefühl für Wahrheit und Tatsächlichkeit, daß man daran merkt: das ist ein Anthroposoph; es fällt einem auf, daß er ein so feines Gefühl hat, ja überall nicht weiter zu gehen in seinen Behauptungen, als der Realität entspricht.*

Rudolf Steiner muß in diesem Jahre 1923 sich vor schwere Überlegungen gestellt gesehen haben. Wir wissen, daß er die Möglichkeit erwog, sich ganz von der Anthroposophischen Gesellschaft zu trennen und sich mit nur wenigen seiner nächsten Schüler zurückzuziehen. Der Entschluß, das Gegenteil zu tun und sich noch weit mehr als bisher mit dieser Gesellschaft zu verbinden, mußte von ihm schwer errungen werden.

Die Weihnachtstagung

Wohl an die 800 Mitglieder strömten Weihnachten 1923 von allen Seiten auf dem Dornacher Hügel zusammen. Nur äußerst notdürftig reichte die Schreinerei – unmittelbar neben der Brandruine gelegen –, um Tag für Tag die Versammlung zu bergen. Die Heizungsmöglichkeiten waren völlig ungenügend. Das alles hat aber nicht im geringsten dem Abbruch getan, was von allen Teilnehmern als geistiges Ereignis erlebt wurde und worauf heute noch alle Schüler Steiners mit Ehrfurcht zurückblicken.

Als 1913 die Anthroposophische Gesellschaft gegründet wurde, war Rudolf Steiner derselben nicht offiziell beigetreten. Er war ihr Berater und Lehrer, aber nicht ihr Mitglied oder Leiter.

Jetzt, zehn Jahre später, begründete er selbst die «Allgemeine Anthroposophische Gesellschaft», deren autonome Gliederung die Landesgesellschaften sein sollten. Und er übernahm ihren Vorsitz.

In seinem Eröffnungsvortrag ging er von der Frage aus: *Was soll nun eigentlich gerade bei dieser Weihnachtstagung zum Ausgangspunkte genommen werden, und was lehren die Erfahrungen der zehn Jahre, seit denen die Anthroposophische Gesellschaft besteht?*

Seine wesentlichen Antworten waren:

1. Es wird nur weitergehen, wenn er selbst in aller Form die Leitung derselben und die damit verbundene Verantwortung übernimmt.

2. Die Allgemeine Anthroposophische Gesellschaft als Weltgesellschaft wird ihren Mittelpunkt im Goetheanum in Dornach haben.

3. Die Gesellschaft soll ihre Tore zur Welt weit aufmachen, so daß jedermann in ihr Mitglied werden kann, der Anthroposophie sucht und kennenlernen will. *Die Anthroposophische Gesellschaft ist keine Geheimgesellschaft, sondern eine durchaus öffentliche. Ihr Mitglied kann jedermann ohne Unterschied der Nation, des Standes, der Religion, der wissenschaftlichen oder künstlerischen Überzeugung werden, der in dem Bestand einer solchen Institution, wie sie das Goetheanum in Dornach als freie Hochschule für Geisteswissenschaft ist, etwas Berechtigtes sieht.* (§ 4 der Statuten.)

4. Die «Statuten», die für eine solche Gesellschaft nun einmal notwendig sind, sollen einfach das beschreiben, was tatsächlich vorliegt. *Diese Statuten sind auf das rein Menschliche eingestellt. Sie sind nicht eingestellt auf Prinzipien ... auf Dogmen ... In diesen Statuten ist gesagt: Hier in Dornach besteht das Goetheanum. Dieses Goetheanum ist in einer gewissen Weise geleitet. In dem Goetheanum versucht man diese und jene Arbeit zu leisten ...*

Man mag solche Ausführungen für nebensächlich ansehen. Für Steiner sind diese Dinge nicht unwichtig. Er weiß zur Genüge, wie billig es ist, wohlklingende Programme, Statuten und dergleichen aufzusetzen. Ihm geht es aber gerade auch in diesen Dingen um Ehrlichkeit, Tatsächlichkeit und Menschlichkeit. Um jeden Preis will er jede Phrase vermeiden.

5. *Das Zeitbewußtsein in der Gegenwart fordert für alles, was geschieht, die volle Öffentlichkeit. Und eine auf festen Grundlagen gebaute Gesellschaft darf vor allen Dingen nicht gegen diese Zeitforderung verstoßen ... Daher können wir heute eben gar nicht an-*

1923

ders ... als für die zu gründende Allgemeine Anthroposophische Gesellschaft die volle Öffentlichkeit in Anspruch zu nehmen.

Bis zu diesem Zeitpunkt gab es zahlreiche gedruckte Nachschriften von Vorträgen Steiners, die nur für Mitglieder zugänglich waren. Seit der Weihnachtstagung sind diese im öffentlichen Buchhandel von jedermann zu erwerben.

6. Der Mensch von heute will keine Dogmatik, er lehnt sektiererisches Wesen ab. Er hat recht mit diesem Empfinden. Es ist aber nicht zu leugnen, *daß es schwierig ist, gerade dieses sektiererische Wesen innerhalb der Anthroposophischen Gesellschaft abzustreifen.*

Albert Steffen (1884—1963) im Jahre 1927

Aber es muß abgestreift werden! Es darf auch kein Fäserchen davon in der Zukunft in der neuen, zu gründenden Anthroposophischen Gesellschaft drinnen sein. Sie muß eine wirkliche Weltgesellschaft sein.

7. Alles verschleierte Eintreten für Anthroposophie ist ungut und führt zu keinem Heil. Es gilt das Neue und Ungewöhnliche der Anthroposophie auf allen Gebieten wie der Eurythmie, der Sprachgestaltung, der Medizin kompromißlos mit Courage zu vertreten.

Dies alles sind Gesichtspunkte, die Steiner bereits in seiner Eröffnungsrede am 24. Dezember geltend machte. Es folgten weitere acht Tage dieser «Grundsteinlegung» der «Allgemeinen Anthroposophischen Gesellschaft», durch die ein völliger Neueinschlag im Leben der Anthroposophischen Gesellschaft gegeben wurde.

Gleichzeitig mit dieser inneren und äußeren Neubildung der Gesellschaft wurde die «Hochschule für Geisteswissenschaft» begründet.

Die Einrichtung der freien Hochschule für Geisteswissenschaft ob-

liegt zunächst Rudolf Steiner, der seine Mitarbeiter und seinen eventuellen Nachfolger zu ernennen hat. (§ 7 der Statuten.)

Damit ist mit eindeutigen Worten gesagt, daß er gewillt ist, auch diese zentrale Stelle für alles anthroposophische Wirken selbst in die Hand zu nehmen. Die Verknüpfung beider Institutionen, der Gesellschaft und der Hochschule, wird durch einen weiteren Satz der Statuten (§ 9) beschrieben:

Das Ziel der Anthroposophischen Gesellschaft wird die Förderung der Forschung auf geistigem Gebiete, das der freien Hochschule für Geisteswissenschaft diese Forschung selbst sein. Eine Dogmatik auf irgendeinem Gebiete soll von der Anthroposophischen Gesellschaft ausgeschlossen sein.

Zur Führung der Allgemeinen Anthroposophischen Gesellschaft wurde unter Rudolf Steiner ein Vorstand gebildet, dessen Persönlichkeiten in Personalunion die Leitung der Sektionen der Hochschule übernahmen:

Der Schweizer Dichter Albert Steffen als stellvertretender Vorsitzender und Leiter der Sektion für schöne Wissenschaften. *Wenn es sich darum handelt, einen Schweizer hier mit aller Kraft in der Anthroposophischen Gesellschaft als Vorstandsmitglied und als Stellvertreter des Vorsitzenden zu haben, einen besseren Schweizer findet man nicht.*

Frau Marie Steiner, der die erste Begründung (1913) der Anthroposophischen Gesellschaft im wesentlichen mit zu verdanken ist, als Leiterin der Sektion für redende und musikalische Künste.

Frau Dr. Ita Wegman, eine holländische Ärztin, als Leiterin der medizinischen Sektion, welcher die Klinik in Arlesheim eingegliedert wurde.

Dr. Elisabeth Vreede, gleichfalls Holländerin, als Leiterin der mathematisch-astronomischen Sektion.

Dr. Guenther Wachsmuth, Sekretär und Schatzmeister der Gesellschaft, als Leiter der naturwissenschaftlichen Sektion.

Mit dieser Neugründung von Gesellschaft und Hochschule war die geistige Zielsetzung Rudolf Steiners verbunden, im Abendland erstmalig wieder eine neuzeitliche christliche «Mysterienstätte» in aller Öffentlichkeit zu schaffen, durch die anregende und heilende Kräfte für Kunst, Wissenschaft und Religion in das Leben der Menschheit einfließen können. Sorgsam wurde ausgeschlossen, was irgendwie sich als Phrase, Routine, falsches Pathos, Schwärmerei, Mystizismus eindrängen wollte. Das wahrhaft «Esoterische», das immer identisch ist mit dem wahrhaft «Menschlichen», sollte von nun ab alles Leben der Gesellschaft durchdringen. Weniger mit Worten als durch die Handhabung bei der Neueinrichtung suchte Rudolf Steiner unter persönlichstem Einsatz dies hohe Ziel zu verwirklichen. Die Tagung stand im Zeichen des Weihnachtsfestes. Sie wurde durchzogen von einem gebetsartigen Mantram, das Rudolf Steiner täglich sprach und das in die Worte ausklang:

Licht,
Das erwärmet
Die armen Hirtenherzen;
Licht,
Das erleuchtet
Die weisen Königshäupter.

Göttliches Licht,
Christus-Sonne
Erwärme
Unsere Herzen;
Erleuchte
Unsere Häupter;
Daß gut werde,
Was wir
Aus Herzen gründen,
Aus Häuptern
Zielvoll führen wollen.

1924/1925

Mit dem 1. Januar, also genau ein Jahr nach dem Brande, endete diese Tagung der «Grundsteinlegung». Es blieben Rudolf Steiner nur noch neun Monate, das Begonnene durchzuführen. Ein Leiden, das erstmalig an diesem 1. Januar abends auftrat und das er bis zum Herbst immer wieder niederrang, zwang ihn in den letzten Septembertagen aufs Krankenbett, von dem er sich nicht wieder erheben sollte. Doch diese neun Monate bringen eine nochmalige Steigerung seiner Tätigkeit. Wir sagen etwas Äußerliches, wenn wir die Zahl seiner Vorträge nennen, die er in dieser kurzen ihm noch verbleibenden Lebenszeit hielt: 338 Vorträge und 68 Ansprachen, Besprechungen und Fragebeantwortungen — das alles in einer Zeit von 272 Tagen! Aber dieses «Äußerliche» weist auf einen geistigen Tatbestand, der zum Staunen Anlaß gibt. Jedes Wort dieser Vorträge usw. wurde mitgeschrieben und fast alles liegt heute in Buchform vor, so daß jeder, der ein Interesse daran hat, heute die Fülle dessen verfolgen kann, was damals von Tag zu Tag durch Rudolf Steiner gewirkt wurde. War es, wie er selbst es angedeutet hat, so etwas wie eine Gegengabe der Geisteswelt zum Schicksalsausgleich für den Verlust, den die Anthroposophie durch den Goetheanum-Brand erlitten hatte? War es die Nähe des Todes, die ihm diese Fülle geistiger Möglichkeiten schenkte?

Unmittelbar nach der Weihnachtstagung hielt Steiner einen Kursus für «Jungmediziner», der besonders begeisternd auf die teilnehmenden Ärzte und Medizinstudenten wirkte. Er vermittelte nicht nur geisteswissenschaftliche Kenntnisse, sondern suchte insbesondere auch das in den Persönlichkeiten, welche die Heilkunst ausüben, zu vertiefen, was man die moralische und esoterische Gesinnung des Arztes nennen darf.

Seit Jahren hat Steiner in regelmäßigen Abständen Vorträge für die am Aufbau des Goetheanums beschäftigten Arbeiter über praktische und geistige Lebensfragen gehalten, die bei den Arbeitern sehr beliebt waren. Er beherrschte die Sprache, die von einfachen Menschen verstanden wird. Auch 1924 konnte ihn seine leibliche Schwäche und Arbeitsüberbürdung nicht von diesem Tun abhalten, das er als soziale Pflicht ansah und liebte. Da diese Vorträge heute in Buchform erschienen sind, kann jeder, der es will, auch hiervon sich einen Eindruck verschaffen.

In dieser Zeit entstand das von ihm selbst geschaffene Modell für das zweite Goetheanum. Dieser Bau, der erst dreieinhalb Jahre nach seinem Tode eingeweiht werden konnte, zeigt, wenn auch in völlig anderer Weise, einen Baustil, der von dem Herkömmlichen unserer Epoche erheblich abweicht. Entsprechend dem anderen Material, das für den Bau genommen wurde — der erste war aus Holz, der zweite aus Beton —, entstand ein Bauwerk, das trotz seiner strengen Formen sich in die Linien der Dornacher Landschaftsform, den Ausläufern des Schweizer Jura, gut einfügt.

Wie ein geistwaches Wesen liegt dieses Goetheanum da und schaut nach Westen ins Abend-Land, in die sinkende Sonne. Es ist, als ob mit diesem Bau die Stein gewordene Frage unerbittlich und streng sich erhebt: Wird das Abendland, dem es bestimmt war, mit der Technik den Kulturtod über die Erde zu tragen, auch die Kraft finden, aus diesem Untergang einen Aufgang zu bewirken?

Rudolf Steiner hat in dieser Zeit getan, was überhaupt nur in seinen Kräften stand. Seine Umgebung hat sich in diesen Monaten oft gefragt, wann er sich die Zeit zum Schlafe nahm. Wenn alle sich zur Ruhe gelegt hatten, brannte in seinem Zimmer noch das Licht, man wußte ihn an der Arbeit — und in den ersten Morgenstunden war er vor allen zur Stelle.

So wurden in diesen Monaten die heilpädagogische und landwirtschaftliche Bewegung begründet, erhielten Pädagogen, Eurythmisten und Mediziner ihre letzten entscheidenden Anregungen, empfing «Die Christengemeinschaft» noch wesentliche Hilfe. Durch Reisen nach Prag, Paris, Holland und England trug er den «Impuls der Weihnachtstagung» auch in diese Länder.

Es war, als ob sich Rudolf Steiner eine weitere Daseinsschicht im Geiste eröffnet hätte und er nun die Dinge aussprechen konnte, die zwar lange in ihm ruhten, aber erst jetzt zum Aussprechen reif geworden waren. Die Vortragsreihe während der Weihnachtstagung: *Die Weltgeschichte in anthroposophischer Beleuchtung und als Grundlage der Erkenntnis des Menschengeistes* hatte das Tor geöffnet zu den durch alle Monate bis zum letzten Tage durchgeführten «Karma-Betrachtungen».

Die Anschauung, daß die Menschenindividualität sich von Zeit zu Zeit verkörpern muß, um durch ein weiteres Erdenleben ein vergan-

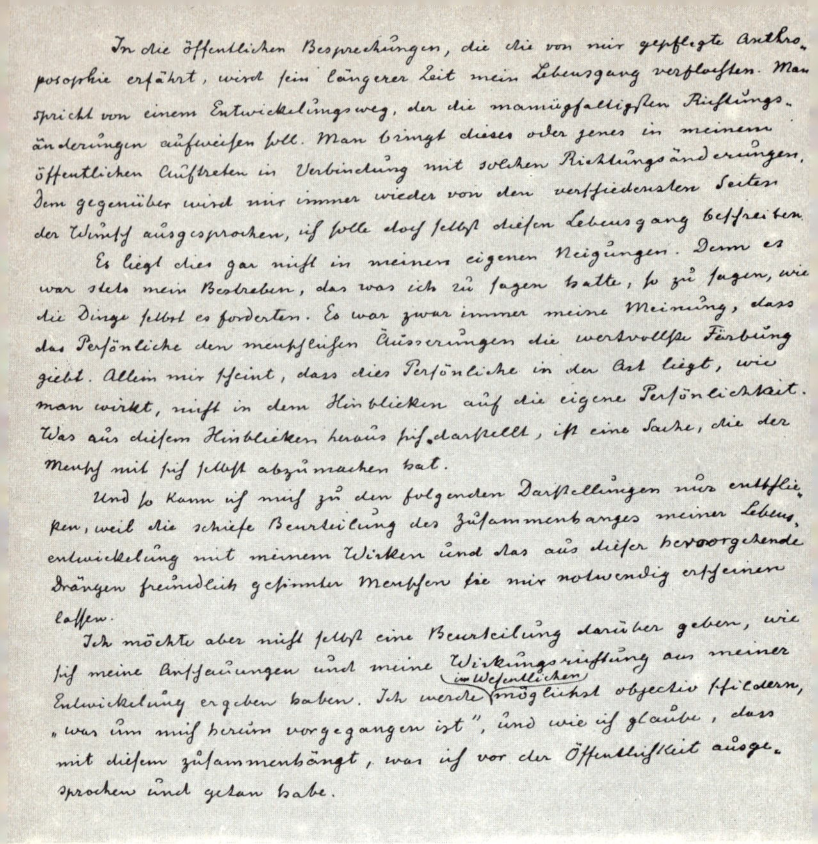

In die öffentlichen Besprechungen, die die von mir gepflegte Anthroposophie erfährt, wird seit längerer Zeit mein Lebensgang verflochten. Man spricht von einem Entwickelungsweg, der die mannigfaltigsten Richtungsänderungen aufweisen soll. Man bringt dieses oder jenes in meinem öffentlichen Auftreten in Verbindung mit solchen Richtungsänderungen. Dem gegenüber wird mir immer wieder von den verschiedensten Seiten der Wunsch ausgesprochen, ich solle doch selbst diesen Lebensgang beschreiben.

Es liegt dies gar nicht in meinen eigenen Neigungen. Denn es war stets mein Bestreben, das was ich zu sagen hatte, so zu sagen, wie die Dinge selbst es forderten. Es war zwar immer meine Meinung, dass das Persönliche den menschlichen Äusserungen die wertvollste Färbung giebt. Allein mir scheint, dass dies Persönliche in der Art liegt, wie man wirkt, nicht in dem Hinblicken auf die eigene Persönlichkeit. Was aus diesem Hinblicken heraus sich darstellt, ist eine Sache, die der Mensch mit sich selbst abzumachen hat.

Und so kann ich mich zu den folgenden Darstellungen nur entschliessen, weil die schiefe Beurteilung des Zusammenhanges meiner Lebensentwickelung mit meinem Wirken und das aus dieser hervorgehende Drängen freundlich gesinnter Menschen sie mir notwendig erscheinen lassen.

Ich möchte aber nicht selbst eine Beurteilung darüber geben, wie sich meine Anschauungen und meine Wirkungsrichtung aus meiner Entwickelung ergeben haben. Ich werde im Wesentlichen möglichst objectiv schildern, „was um mich herum vorgegangen ist", und wie ich glaube, dass mit diesem zusammenhängt, was ich vor der Öffentlichkeit ausgesprochen und getan habe.

Entwurf zur ersten Seite von «Mein Lebensgang», 1923

genes auszugleichen und durch neue Erfahrungen zu reifen, ist uralt. Sie beherrscht seit Jahrtausenden — sollte sie nicht die ursprüngliche sein? — das Geistesleben des Orients. Diese Lehren haben sich immer darauf beschränkt, im Allgemeinen zu bleiben. So weit wir sehen, ist Rudolf Steiner der erste, der es wagte, durch seine Geistes-Forschung weltgeschichtliche Strömungen und das Leben einzelner Persönlichkeiten durch lange Zeiträume konkret zu verfolgen und die Ergebnisse dieser Forschung vor einer großen Zuhörerschaft vorzutragen. Unter diesen war wohl niemand, der den Wahrheitsgehalt seiner Aussagen hätte bis ins einzelne «kontrollieren» können. Aber wohl bei uns allen, die wir diese Mitteilungen aus Steiners Geistesforschung damals entgegennehmen konnten, entstand der Eindruck, daß Steiner mit der gleichen Sorgfalt, Exaktheit und Zuverlässigkeit auf diesem Neuland der Forschung vorging, wie wir es bei den besten Forschern etwa der Physik oder Astronomie unserer Zeit gewohnt sind und verlangen müssen.

In der Zeit vom 20. Januar bis 10. August erschienen von Rudolf Steiner im Mitteilungsblatt der Anthroposophischen Gesellschaft achtzehn *Briefe an die Mitglieder*, in denen er das geistige Anliegen der Weihnachtstagung den Mitgliedern zu vermitteln suchte:

Anthroposophie kann nur als etwas Lebendiges gedeihen. Denn der Grundzug ihres Wesens ist Leben. Sie ist aus dem Geiste fließendes Leben ...

Die Urform, in der sie unter Menschen auftreten kann, ist die Idee; und das erste Tor, an das sie sich bei Menschen wendet, ist die Einsicht. Wäre das nicht so, sie hätte keinen Inhalt. Sie wäre bloße Gefühlsschwärmerei. Aber der wahre Geist schwärmt nicht, er spricht eine deutliche, inhaltsvolle Sprache.

Diese Briefe an die Mitglieder gingen in die *Leitsätze* über, die später unter dem Titel *Das Michael-Mysterium* veröffentlicht wurden. Der größere Teil dieser Leitsätze wurde von Steiner auf dem Krankenlager geschrieben und erschien wöchentlich bis zur letzten März-Woche 1925. In ihnen hat er zum letzten Male und wieder von neuen Aspekten aus das Wesen der Anthroposophie und ihre Aufgabenstellung beschrieben.

Als er Anfang September von England zurückkam, warteten auf ihn in Dornach weit über tausend Menschen, darunter Ärzte, Schauspieler, Theologen, denen er Sonderkurse versprochen hatte. Obwohl schon schwer unter seiner Krankheit leidend, löste er alle gegebenen Versprechen ein und sprach durch drei Wochen hindurch zu einem Kreise von Schauspielern, Sprachkünstlern, Lehrern u. a. über *Sprachgestaltung und Dramatische Kunst*, zu den Theologen der Christengemeinschaft über *Die Apokalypse des Johannes* und hielt für Ärzte und Priester einen Kursus über *Pastoral-Medizin*. Die üblichen Vorträge für die Arbeiter am Goetheanum, für alle Mitglieder, für die Schüler der Hochschule wurden ohne Unterbrechung bis zum 28. September fortgesetzt. Das Übermaß an Arbeit – man zählte an die 400 Privat-Besucher, die er in den letzten drei Wochen als Ratsuchende empfing – hatte seine Lebenskraft überfordert. Unmittelbar nach seiner letzten Ansprache am Vorabend zum Michaelstag mußte er sich legen. Betreut von seinen ärztlichen Freunden, Dr. Ita Wegman und Dr. Ludwig Noll, entfaltete er noch vom Krankenbett aus eine intensive, vor allem durch die Schrift wirkende Tätigkeit. Sein Bett stand in seinem Atelier zu Füßen der unvollendeten Christusstatue. Das Atelier mit der Statue war der Schreinerei angegliedert und so wie diese vor den Flammen bewahrt geblieben.

Von manchen Seiten gedrängt, doch zur Entkräftung haltloser Anwürfe eine Selbstbiographie zu schreiben, hatte Rudolf Steiner im Dezember 1923 begonnen, in wöchentlich erscheinenden Skizzen niederzuschreiben, was später in dem Buche *Mein Lebensgang* veröffentlicht wurde. Auch während der Krankheitszeit erfuhr diese Arbeit

Das neue Goetheanum (1928/29 fertiggestellt)

keine Unterbrechung. Während alle Lieferungen von seiner Hand den Zusatz erhielten: *Fortsetzung folgt*, blieb das letzte Manuskript, das er in der letzten Märzwoche 1925 in die Druckerei schickte, ohne diesen Zusatz.

So lag er in seinem Atelier, durch die Krankheit gefesselt, mit unermüdlichem Geiste tätig wirksam. «Er liebte das lebensvolle Geräusch des Hämmerns und Rüstens, das vom Bauplatz des Goetheanum in die Stille seines Krankenraumes hineindrang und vom werdenden Bau kündete.» Mit allen Fasern seines Wesens war er diesem Neuaufbau des Zentrums für Anthroposophie und dessen menschlicher Trägerschaft: der «Gesellschaft» und ihren Gliedern bis zum letzten Augenblick verbunden. So kam der 30. März. Aus unmittelbarem Miterleben schreibt Guenther Wachsmuth:

«Die letzten Augenblicke im Erdenleben Rudolf Steiners waren

frei von allem Kampf mit der Physis, frei von aller Ungewißheit, wie sie dem Sterben vieler Menschen sonst eigen ist, sein Antlitz sprach von Frieden, Gnade, innerer Gewißheit, geistigem Schauen. Er faltete die Hände über der Brust, die Augen waren licht und stark in Welten gerichtet, mit denen er sich schauend vereinte. Als der letzte Atemzug kam, schloß er selbst die Augen, aber dies erfüllte den Raum nicht mit dem Erlebnis eines Endes, sondern eines höchsten geistigen Tuns. Eine erhabene, verklärte Wachheit sprach aus seinen Zügen, aus der betenden Kraft der Hände. Wie die großen Künstler den auf den Sarkophagen des Mittelalters ruhenden Rittern den Ausdruck verliehen, daß ihre geschlossenen Augen doch schauen, ihre ruhende Gestalt doch vorwärtszuschreiten vermag, so sprach die hier ruhende Gestalt von einer überirdischen Wachheit, von einem Vorwärtsschreiten in die Sphären des Geistes.»

Über der Zivilisation Europas schwebt eine schwere Wolke, und eigentlich ist es nur in gewissem Sinne staunenswert, wie wenig die Menschheit im allgemeinen sich darauf einlassen will, diese schwere Wolke ... zu fühlen, zu empfinden.

Rudolf Steiner. 1924

NACHKLANG

Als Rudolf Steiner gestorben war, standen vom zweiten Goetheanum kaum die Fundamente. Was der Meister entworfen und geplant, mußten Lehrlinge und Gesellen ohne seinen Beistand ausführen.

Gesellschaft und Hochschule hatten ihr Haupt in einem Augenblick verloren, da alles neu veranlagt, aber noch nichts zum Ziele geführt war. Oft ging es über die Kraft der «Schüler», zu groß war vom «Lehrer» das Werk geplant, das eine Welt umspannen sollte.

Je nach dem Wesen des Menschen, der Anthroposophie studiert und tätig zu leben sucht, wird dieselbe individualisiert, nimmt ein anderes Gesicht an, wird durch die Persönlichkeit des Anthroposophen getönt. Schablone zerstört das anthroposophische Streben. Es darf nicht wundernehmen, daß die Anthroposophische Gesellschaft bald nach dem Tode Rudolf Steiners durch Krisen gegangen ist. Hinzu kam, daß sie in Deutschland, dem eigentlichen Mutterlande, unter Hitler zehn Jahre verboten war. Aber sie hat sich in all dem als äußerst lebenskräftig erwiesen und die anfänglichen Schwierigkeiten im wesentlichen überwunden. Nach dem Tode Rudolf Steiners übernahm Albert Steffen den Vorsitz der Gesellschaft. Die ursprünglichen Vorstandsmitglieder sind inzwischen gestorben: Ita Wegman und Elisabeth Vreede 1943, Marie Steiner 1948, Guenther Wachsmuth und Albert Steffen 1963.

Alljährlich kommen Tausende von Mitgliedern und Interessenten zum Goetheanum, vor allem um die Aufführungen der vier Mysterien-Dramen, der Dramen von Albert Steffen und die «Faust»-Aufführungen zu sehen. Ist doch das Goetheanum heute die einzige Stätte auf Erden, wo man beide Teile des «Faust» ungekürzt sehen kann. Die Jahresberichte des Goetheanum weisen alljährlich eine Fülle von Vorträgen, Seminaren und künstlerischen Veranstaltungen auf. Die Klinik in Arlesheim mit dem Institut für Krebsforschung, die Fabriken der Weleda-A.G. wurden durch Neubauten erweitert. Die Zahl der Schulen und Heilpädagogischen Institute nimmt über die Erde hin von Jahr zu Jahr zu. Ein Stab von Mitarbeitern ist in der Nachlaßverwaltung tätig, um vor allem die *Rudolf Steiner Gesamtausgabe* herauszubringen.

Blickt man auf das Leben und Werk Rudolf Steiners, ist man versucht, der Gegenwart, die sich selbst am Rande eines Abgrundes weiß, zuzurufen: Wen und was sucht ihr? Die Überwindung des Materialismus? Die Lösung der sozialen Frage? Eine Neugeburt von Wissenschaft, Kunst und Religion? Auf alle diese Fragen hat Rudolf Steiner seine Antworten gegeben. Sie fielen anders aus als erwartet. Reicht das aus, sie zu verwerfen? Weil seine Sprache so ungewohnt ist? Weil manche seiner Schüler nicht überzeugen? War das in alten Zeiten bei den großen Propheten und Menschheitsführern je anders? Hat unsere Zeit sich der Mühe unterzogen, ihn und sein Werk wirklich zu prüfen? Hat sie seine Worte auf der Goldwaage gewogen, seine ungezählten Anregungen aufgenommen und erprobt? Eine Monographie über Rudolf Steiner für die Öffentlichkeit in der zweiten Hälfte des 20. Jahrhunderts geschrieben, sie kann nicht anders, als mit bitterernsten Fragen enden.

ZEITTAFEL

Erster Lebensabschnitt: 1861–1879

KINDHEIT UND JUGEND

1861	Geboren am 27. Februar 1861 in Kraljevec auf der Mur-Insel, damals in Ungarn, heute in Jugoslavien gelegen. Der Vater, Johann Steiner (1829–1910), war Beamter der österreichischen Südbahn. Beide Eltern stammten aus dem sog. Waldviertel, den Flecken Geras und Horn in Niederösterreich.
1862	Der Vater wird auf kurze Zeit nach Mödling bei Wien versetzt.
ab 1863	Kindheit in Pottschach, einer Bahnstation an der Semmering-Bahn (Steiermark).
ab 1868	Jugend in Neudörfl an der Leitha, Burgenland.
1872	Besuch der Realschule in Wiener-Neustadt.
1879	Abiturium mit Auszeichnung bestanden.

Zweiter Lebensabschnitt: Herbst 1879–1890

WIENER STUDIENJAHRE

1879	Der Vater wird nach Inzersdorf bei Wien versetzt. Studium an der Technischen Hochschule. Hauptfächer: Mathematik, Biologie, Physik, Chemie. Lehrer in den Geisteswissenschaften: Karl Julius Schröer (Deutsche Literatur), Robert Zimmermann und Franz Brentano (Philosophie), Otto Karl Lorenz (Geschichte). Grundlegendes Goethe-Studium.
1882	Der Einundzwanzigjährige wird mit der Herausgabe der «Naturwissenschaftlichen Schriften Goethes» in «Kürschners Nationalliteratur» beauftragt.
1886	*Grundlinien einer Erkenntnistheorie der Goetheschen Weltanschauung.*
1888	Redaktion der «Deutschen Wochenschrift».
	Im Wiener Goethe-Verein hält Steiner einen Vortrag: *Goethe als Vater einer neuen Ästhetik.*
1889	Erster Besuch in Weimar, Eisenach und Berlin, Vertrag mit Suphan.

Dritter Lebensabschnitt: 1890–1896

DIE WEIMARER ZEIT

1890	Im Herbst Übersiedlung nach Weimar. Ständiger Mitarbeiter am Goethe-und-Schiller-Archiv. Herausgabe der naturwissenschaftlichen Schriften Goethes in der Sophien-Ausgabe. Begegnungen mit: Herman Grimm, v. Loeper, Erich Schmidt, Heinrich von Treitschke, Hermann Helmholtz, Ernst Haeckel. Freundschaft mit Ludwig Laistner und Gabriele Reuter, erste Bekanntschaft mit Otto Erich Hartleben.
1891	Promotion in Rostock als Doktor der Philosophie bei Prof. Heinrich von Stein, mit dem Thema: *Die Grundfrage der Erkenntnistheorie mit besonderer Rücksicht auf Fichtes Wissenschaftslehre.*
1892	*Wahrheit und Wissenschaft.*
1894	*Die Philosophie der Freiheit.* Besuch des kranken Friedrich

Nietzsche in Naumburg. Fritz Koegel und Elisabeth Förster-Nietzsche.

1895 *Friedrich Nietzsche, ein Kämpfer gegen seine Zeit.*

1897 *Goethes Weltanschauung.*

Vierter Lebensabschnitt: 1897—1901

DIE ERSTEN BERLINER JAHRE

1897 Übersiedlung nach Berlin.

1897–1900 Gemeinsam mit Otto Erich Hartleben Herausgeber des «Magazins für Litteratur» und der «Dramaturgischen Blätter». Wirksamkeit in der «Freien literarischen Gesellschaft», der «Freien dramatischen Gesellschaft», im Kreis der «Kommenden», an der «Freien Hochschule», im «Giordano-Bruno-Bund». Freundschaft mit John Henry Mackay und Ludwig Jacobowski. Beziehung zu Bruno Wille und Wilhelm Bölsche.

1899 31. Oktober Ehe mit Anna, verwitwete Eunike, geborene Schultz (geb. 8. Mai 1853 in Beelitz).

1899—1904 Lehrer an der Arbeiter-Bildungsschule. Vorträge, Kurse, Redeübungen.

1900 *Haeckel und seine Gegner.* Vorträge und Nietzsche-Feier im «Verein zur Förderung der Kunst». Vortrag im «Verband für Hochschulpädagogik». Nietzsche-Gedächtnis-Feiern. Festrede anläßlich des 500jährigen Gutenberg-Jubiläums vor 7000 Setzern und Druckern in einem Berliner Zirkus (17. Juni): *Gutenbergs Tat als Markstein der Kultur-Entwicklung.* Die ersten Vorträge innerhalb der «Theosophischen Bibliothek» im Hause des Grafen und der Gräfin Brockdorff. *Welt- und Lebensanschauungen im 19. Jahrhundert,* gewidmet: Ernst Haeckel.

1901 Weitere Vorträge in der «Theosophischen Bibliothek» über *Das Christentum als mystische Tatsache* (25 Vorträge). Festvortrag zum Stiftungsfest des «Vereins für Frauen und Mädchen der Arbeiterklasse» (9. März). Trauerfeier für Ludwig Jacobowski (9. Mai). Vortragsreihe im Kreis der «Kommenden» über *Von Buddha zu Christus* (24 Vorträge). Vortrag vor Studenten der Technischen Hochschule über Hegel (22. November).

Fünfter Lebenabschnitt: 1902—1923

DIE AUSBILDUNG DER ANTHROPOSOPHIE

Erste Entwicklungsphase der Anthroposophie 1902—1909

1902 Eintritt in die Theosophische Gesellschaft. Fortsetzung der Arbeit an der Arbeiter-Bildungsschule, in der «Theosophischen Bibliothek», im Kreis der «Kommenden», im «Giordano-Bruno-Bund». Teilnahme zugleich mit Marie von Sivers an der 13. Jahresversammlung der europäischen Sektion der Theosophischen Gesellschaft in London (Juli). Begründung der deutschen Sektion der Theosophischen Gesellschaft (Oktober) — Rudolf Steiner Generalsekretär derselben. Vorträge in der Freien Hochschule. Im Schiller-Theater: «Ferdinand-Freiligrath-Abend». Herausgeber der Zeitschrift «Lucifer», später «Lucifer-Gnosis».

1903 Fortsetzung der bisherigen Tätigkeit in Berlin (bis 1914). Beginn des öffentlichen Wirkens für die Theosophie in Weimar, Köln und Hamburg. Tegel: Ansprache bei den Humboldt-Gräbern zur Sonnenwendfeier des Giordano-Bruno-Bunds. London.

1904 Spricht erstmalig in Stuttgart: *Goethe als Theosoph* (22. April) und in Lugano, Nürnberg, Hannover, München, Dresden, Regensburg, Karlsruhe, Heidelberg, Düsseldorf. Theosophischer Kongreß in Amsterdam: *Mathematik und Okkultismus* (21. Juni).

1905 Mit der «Festrede zum 12. Stiftungsfest der Arbeiter-Bildungsschule» endet die Tätigkeit Steiners an derselben (22. Januar). Vortragstätigkeit und Ausbau der Theosophischen Gesellschaft in Berlin und deutschen Großstädten, u. a. über das Johannes-Evangelium.

1906 Die ersten großen Vortragszyklen außerhalb Berlins: Paris (18 Vorträge). Erstes Zusammentreffen mit Edouard Schuré. Leipzig (14 Vorträge). Stuttgart im August: «Zyklus Nr. 1» *Vor dem Tore der Theosophie.* Zweiggründungen u. a. in Frankfurt a. M. und Bremen. Vorträge über das Johannes-Evangelium in München (8 Vorträge).

1907 Vortragsreihen von je 14 Vorträgen in München, Kassel, Hannover und Basel (8 Vorträge).

1908 Erste Skandinavienreise März—April: Lund, Malmö, Stockholm, Upsala, Kristiania (Oslo), Göteborg, Kopenhagen. 12 Vorträge über das Johannes-Evangelium in Hamburg (Mai). 12 Vorträge in Nürnberg über *Theosophie an Hand der Apokalypse* (Juni). Zweite Skandinavienreise. 15 Vorträge über das Johannes-Evangelium in Kristiania (Juli). Zyklen in Stuttgart und Leipzig.

1909 Erste Begegnung mit Christian Morgenstern in Berlin. Rudolf Steiner beginnt auf die «Wiederkunft Christi» hinzuweisen. Sieben Vorträge in Rom. Zyklen in Düsseldorf, Kristiania, Budapest (10 Vorträge), Kassel, München. In Basel: *Das Lukas-Evangelium.*

Zweite Entwicklungsphase der Anthroposophie 1910—1916

1910 Jahresbeginn mit elf Vorträgen über das Johannes-Evangelium in Stockholm. Zyklus in Wien (März). Reise über Klagenfurt nach Rom-Palermo (April). Zyklen in Hamburg, Kristiania, München, Bern (*Das Matthäus-Evangelium*). München: Erstes Mysterien-Drama aufgeführt.

1911 Prag: *Okkulte Physiologie* (8 Vorträge) (März). Anna Steiner verw. Eunike stirbt am 19. März.

Steiner spricht auf dem internationalen Philosophen-Kongreß in Bologna über: *Die psychologischen Grundlagen und die erkenntnistheoretische Stellung der Theosophie.* Zyklen in Kopenhagen, München, Karlsruhe und Hannover. Einzelvorträge u. a. in Lugano, Locarno, Mailand, Neuchâtel, Bern u. a. München: Zweites Mysterien-Drama aufgeführt.

1912 Schaffung der Eurythmie (September). Vorbereitung zur Begründung der Anthroposophischen Gesellschaft (September). Besuch von Florenz. Zyklen in Helsingfors, Norrköping, Kristiania, München, Basel. *Das Markus-Evangelium* (Köln). Einzelvorträge u. a. in St. Gallen, Wien, Klagenfurt, Graz, Prag, Stockholm, Kopenhagen, Mailand, Bern. München: Drittes Mysterien-Drama aufgeführt.

1913 Konstituierung der Anthroposophischen Gesellschaft (2./3. Februar). Zyklen in Den Haag, Helsingfors, München, Kristiania, Leipzig. Grundsteinlegung des Dornacher Baues (20. September). Einzelvorträge u. a. in Wien, Graz, Klagenfurt, Linz, Prag, Tübingen, Augsburg, Zwolle, Breslau, Erfurt, Essen, Elberfeld, London, Paris, Straßburg, Stockholm, Bergen, Kopenhagen, München: Viertes Mysterien-Drama aufgeführt.

1914—1923 Rudolf Steiner lebt abwechselnd in Dornach und Berlin.

1914 Zyklus in Wien. 1. April 1914: Richtfest des ersten Goetheanums. Christian Morgenstern stirbt am 31. März.
Paris-Chartres, Norrköping: *Christus und die menschliche Seele.* Bei Kriegsausbruch in Bayreuth zum «Parsifal» (Juli). Vorträge in Hamburg, Berlin und München. *Das «Barbaren»-Volk Schillers und Fichtes.* Eheschließung mit Marie von Sivers (24. Dezember).

1915—1916 Ausbau des Goetheanums. Vorträge in Deutschland. Österreich und Schweiz. 1. Lauteurythmie-Kursus (September).

Dritte Entwicklungsphase der Anthroposophie 1917—1923

1917 Zyklus in Berlin: *Bausteine zu einer Erkenntnis des Mysteriums von Golgatha.* In Dornach: *Karma des Materialismus.*

1918 Von Mitte Januar in Deutschland (Berlin). Die zweite Jahreshälfte in Dornach. Die Bewegung für Dreigliederung des sozialen Organismus.

1919 Dornacher Vortragsreihen über soziale Fragen. *Aufruf an das deutsche Volk und an die Kulturwelt, Kernpunkte der sozialen Frage.* Steiner spricht zu den Arbeitern der Bosch-, Delmonte- und Daimler-Werke u. a. Gründung der Waldorfschule in Stuttgart. Pädagogische Kurse und Seminare. «Faust»-Aufführungen im Goetheanum.

1920 In Dornach: Drei Vorträge über Thomas von Aquin. Leitung der Waldorfschule in Stuttgart, vor allem ständige Teilnahme an den Konferenzen des Lehrer-Kollegiums (1919 bis 1924). Erster und zweiter naturwissenschaftlicher Kurs: Lichtlehre (10 Vorträge), Wärmelehre (14 Vorträge), Sprachwissenschaftlicher Kurs. Kursus für Ärzte und Medizinstudierende (20 Vorträge). Pädagogischer Kurs in Basel (14 Vorträge).

1921 *Das Verhältnis der verschiedenen naturwissenschaftlichen Gebiete zur Astronomie* (Stuttgart). Rednerkurs, Stuttgart. Holland-Reise. *Mathematik, wissenschaftliches Experiment, Beobachtung und Erkenntnisergebnis vom Gesichtspunkt der Anthroposophie* (Stuttgart). Zweiter Mediziner-Kurs. Kursus über Heileurythmie. Erster und zweiter Theologenkurs. *Anthroposophie und Wissenschaft* (Hochschulveranstaltung in Darmstadt). Öffentliche Tätigkeit in Kristiania: u. a. Vorträge in der «Pädagogischen Vereinigung», im «Theologischen Verein», im «Staats-ökonomischen Verein». «Weihnachtskurs» für Lehrer (16 Vorträge, Dornach).

1922 «Anthroposophischer Hochschulkurs» (Berlin) — *New Ideals in Education.* In Stratford: Shakespeare-Feier. West-Ost-Kongreß in Wien. Nationalökonomischer Kurs. Oxford-Holiday-Conference: *Spiritual Values in Education and Social Life* (12 Vorträge). Begründung der Christengemeinschaft (September). *Semaines Françaises.* Pädagogischer Jugendkurs in Stuttgart. Reisen nach Holland und England.

Silvesterabend: Vernichtung des ersten Goetheanums durch Brandstiftung.

1923 Innere Neubildung der Anthroposophischen Gesellschaft zur Vorbereitung der Begründung der Allgemeinen Anthroposophischen Gesellschaft in Deutschland, Norwegen, Schweiz, England, Holland, Österreich. Pädagogische Kurse für Schweizer Lehrer und in Ilkley/England.

25. Dezember 1923 — 1. Januar 1924: Die Weihnachtstagung der Allgemeinen Anthroposophischen Gesellschaft. Begründung der Freien Hochschule für Geisteswissenschaft.

1923—1925 *Mein Lebensgang* erscheint wöchentlich in Fortsetzungen in der Zeitschrift «Das Goetheanum». Briefe an die Mitglieder. Die *Leitsätze.*

Die letzten Jahre 1924—1925

1924 Kursus für Jungmediziner. Die *Karma-Vorträge* in Dornach, Prag, Bern, Breslau, Arnheim, London. Pädagogische Kurse in Stuttgart, Bern, Arnheim, Torquay/England.

Kursus für Toneurythmie. Landwirtschaftlicher Kursus in Koberwitz (Schlesien). Kursus für Lauteurythmie. Arbeiter-Vorträge. Kursus für Sprachgestaltung und dramatische Kunst. Letzter Theologen-Kurs über die «Apokalypse».

Letzter Mitglieder-Vortrag: 28. September.

1925 30. März: Rudolf Steiner stirbt.

Grundlegendes für eine Erweiterung der Heilkunst nach geisteswissenschaftlichen Erkenntnissen, gemeinsam mit Dr. Ita Wegman geschrieben.

1943 4. März: Dr. med. Ita Wegman stirbt.

1948 27. Dezember: Marie Steiner geb. von Sivers stirbt.

1963 13. Juli: Albert Steffen, der Nachfolger Rudolf Steiners als 1. Vorsitzender der Allgemeinen Anthroposophischen Gesellschaft, stirbt.

Zur Zeit: Rudolf Grosse, 1. Vorsitzender; Prof. Dr. Friedrich Hiebel, 2. Vorsitzender

ZEUGNISSE

Christian Morgenstern

Die eigentliche, im höchsten Menschensinne schöpferische Tätigkeit Rudolf Steiners wird erst der Historiker enthüllen, der die Geschichte dieses erhabenen Lebens zu schreiben berufen sein wird. Dann wird mit tiefem Erstaunen wahrgenommen werden, was da in der Stille für den Menschen als solchen überhaupt geschieht und geschehen ist, und welchen unersetzlichen Rückhalt und Stützpunkt ihm die Lebensarbeit dieses Geistes gegeben hat, während das Jahrhundert noch immer weiter in die furchtbare Wüste des Materialismus hineineilt.

Selma Lagerlöf

Der Mann ist sicher ein ganz merkwürdiges Phänomen, das man versuchen sollte, ernst zu nehmen. Er verkündigt einige Lehren, an die ich lange geglaubt habe, unter anderem, daß es in unserer Zeit nicht angeht, eine Religion voll unbewiesener Wunder anzubieten: sondern die Religion muß eine Wissenschaft sein, die bewiesen werden kann, es gilt nicht mehr zu glauben, sondern zu *wissen*. Weiter, daß man sich selber durch ein festes, bewußtes, systematisches Denken Kenntnis von der Geisteswelt erwerben kann. Man soll nicht dasitzen wie ein träumender Mystiker, sondern durch Anstrengung seines ganzen Denkvermögens dahin gelangen, die Welt, die uns sonst verborgen ist, zu sehen. Das ist ja wahr und richtig, und dazu ist alles bei ihm vertrauenswürdig und klug ohne Charlatanerie. In einigen Jahren wird seine Lehre von den Kanzeln verkündet werden.

Russel W. Davenport

Wenn der Glaube unter den Menschen wiederbelebt werden könnte, würde die offensichtliche Zersetzung der westlichen Zivilisation aufgehalten werden. Aber dieses «wenn» bringt einige grundsätzliche Fragen mit sich. Zunächst die Frage, warum die Menschen den Glauben verloren haben? Und weiter, wenn diese Frage beantwortet werden kann: durch welche Mittel könnte ein solcher Glaube entstehen?

Diese zweite Frage führt mich nun dazu, zwei Lehrern den schuldigen Dank abzustatten, die sich in ihrem Denken so nahe stehen, daß sie wie ein einziger angesehen werden können. Der erste ist Johann Wolfgang von Goethe (1749–1832) und der zweite sein hervorragendster Interpret, Rudolf Steiner (1861–1925). Die Zusammenstellung dieser beiden im Sinne einer besonderen geistigen Schuldanerkennung mag erstaunen, denn Goethe ist in erster Linie als Dichter und Schriftsteller bekannt, und Steiner gilt als ein Mystiker, dessen Werke als unverständlich und gänzlich außerhalb der Linie unserer Zeit stehend erscheinen. Wer jedoch mit den Schriften dieser beiden Männer bekannt ist, wird verstehen, warum wir uns ihnen besonders verpflichtet fühlen...

Daß die akademische Welt es fertiggebracht hat, Steiners Werke als unbegründet und unerheblich abzutun, ist eines der intellektuellen Wunder des 20. Jahrhunderts. Wer auch immer es auf sich nimmt, dieses umfangreiche Werk mit offenem Sinn zu prüfen (sagen wir wenigstens hundert Bände), wird sich einem der größten Denker aller Zeiten gegenübersehen, dessen Beherrschung der modernen Wissenschaften ebenso bewundernswert ist wie seine Kenntnis auf dem Gebiete der alten Wissenschaften. Steiner ist nicht mehr Mystiker als Albert Einstein; er war in erster Linie Wissenschaftler, aber *ein Wissenschaftler, der es wagte, in die Geheimnisse des Lebens einzudringen ...*

Die Verbindung Goethe–Steiner führt uns zurück zu der Frage: durch welche Mittel der Glaube im 20. Jahrhundert wieder belebt werden kann. Rudolf Steiners Antwort: Der Glaube kann nur durch einen Fortschritt auf dem Gebiet der Erkenntnis wieder in unsere Zeit Eingang finden.

The Dignity of Man. 1955

A. P. Shepherd

Die einzige Antwort, die der gegenwärtigen Verwirrung in der Menscheit gerecht werden könnte, müßte eine wissenschaftliche Darlegung von Universum und Mensch sein, die dem instinktiven Vertrauen des Menschen in den unbedingten Wert der individuellen Persönlichkeit gerecht und die Religion als eine Ergänzung zu diesem Standpunkt betrachten würde, nicht etwa durch Verleugnung der übernatürlichen Glaubensansprüche der Religion, sondern durch Einordnen in das wissenschaftliche Weltbild. Daß eine solche Antwort gefunden werden könnte, erschien den meisten Wissenschaftlern als unmöglich und vielen religiösen Denkern als anmaßende Erwartung.

Tatsache ist, daß eine solche Antwort von einem Mann gegeben worden ist, dessen Denken in größtem Ausmaß wissenschaftlich fundiert war, der in jeder Weise wie ein Wissenschaftler dachte, sprach und schrieb. Dieser Mann war Rudolf Steiner.

A Scientist of the Invisible. 1954

Bruno Walter

Mir ist im hohen Alter das Glück zuteil geworden, in die Welt der Anthroposophie eingeführt zu werden und mich im Laufe der letzten Jahre in die Lehre Rudolf Steiners versenken zu können. Hier lebt und wirkt jenes Rettende im Hölderlinschen Sinn; sein Segen hat sich auch auf mich ergossen, und so soll denn dies Buch mit dem Bekenntnis zur Anthroposophie ausklingen. Es gibt kein Gebiet meines Innenlebens, das nicht von der hohen Lehre Rudolf Steiners neues Licht und entscheidende Förderung empfangen hätte ... groß ist meine Dankbarkeit für die unermeßliche Bereicherung ... Es ist herrlich, in meinen Jahren noch einmal Schüler geworden zu sein. Ich fühle in meinem ganzen Wesen die Verjüngung, die stärkend und erneuernd auch auf mein Musikertum, ja auf mein Musizieren wirkt.

Von der Musik und vom Musizieren. 1957

BIBLIOGRAPHIE

Soweit es das Lebensschicksal Rudolf Steiners betrifft, sind fast alle Zitate in dieser Monographie dem Buch *Mein Lebensgang* entnommen. Eine weitere Quelle ist der Vortrag *Skizze eines Lebensabrisses* vom 4. Februar 1913, der als Einleitung zum ersten Bande *Briefe* von Rudolf Steiner abgedruckt ist. Aus Band I und II *Briefe* wurden auch fast alle hier wiedergegebenen Briefstellen entnommen. Die zum Teil erstmalige Veröffentlichung von Handschriftoriginalen geschieht mit Erlaubnis der «Rudolf Steiner Nachlaßverwaltung», der für die Unterstützung bei der Entstehung dieser Monographie besonderer Dank gebührt.

Ausführliche Bibliographien als Übersicht über das literarische und künstlerische Lebenswerk Rudolf Steiners:

C. P. Picht 1926, im Philosophisch-Anthroposophischen Verlag, Dornach, Schweiz

Hella Wiesberger 1961, herausgegeben von der Rudolf Steiner-Nachlaßverwaltung, Dornach, Schweiz

Hier kann nur ein Auszug gegeben werden. Die Jahreszahlen und Ortsangaben beziehen sich in der Regel auf die Erstauflage. Spätere Auflagen erschienen in verschiedenen Verlagen. Seit 1956 wird die «Rudolf Steiner Gesamtausgabe (etwa 300 Bände) im Rudolf Steiner Verlag, Dornach, Schweiz, veröffentlicht. Einen Gesamtüberblick der erschienenen Bände gibt der Verlagskatalog.

1. Bücher und Schriften

Goethes naturwissenschaftliche Schriften. Von Rudolf Steiner mit Einleitungen, Fußnoten und Erläuterungen im Text herausgegeben. Berlin und Stuttgart 1884—1897
1. Auflage in «Deutsche Nationalliteratur». Historisch kritische Ausgabe, herausgegeben von Joseph Kürschner. 114.—117. Band

Herausgabe von Goethes naturwissenschaftlichen Schriften Weimarer Sophien-Ausgabe: II. Abtlg. 6.—12. Band (1891—1896)

Grundlinien einer Erkenntnistheorie der Goetheschen Weltanschauung mit besonderer Rücksicht auf Schiller, zugleich eine Zugabe zu Goethes naturwissenschaftlichen Schriften in Kürschners Deutscher Nationalliteratur. Berlin-Stuttgart 1886

Die Natur und unsere Ideale. Sendschreiben an die Dichterin des «Hermann» (M. E. delle Grazie). Wien 1886

Goethe als Vater einer neuen Ästhetik. Sonderabdruck aus der Zeitschrift «Deutsche Worte». Wien 1889

Wahrheit und Wissenschaft. Vorspiel einer «Philosophie der Freiheit». Weimar 1892

Die Philosophie der Freiheit. Grundzüge einer modernen Weltanschauung. Seelische Beobachtungsresultate nach naturwissenschaftlicher Methode. Berlin 1894

Einleitung zu «Arthur Schopenhauers sämtliche Werke in zwölf Bänden». «Cottasche Bibliothek der Weltliteratur». Stuttgart 1894

Friedrich Nietzsche, ein Kämpfer gegen seine Zeit. Weimar 1895

Goethes Weltanschauung. Weimar 1897

Einleitung zu «Jean Pauls ausgewählte Werke in acht Bänden». «Cottasche Bibliothek der Weltliteratur». Stuttgart 1897

Goethes geheime Offenbarung. Separatdruck aus «Das Magazin für Litteratur». Berlin 1899
Haeckel und seine Gegner. Minden i. W. 1900
Lyrik der Gegenwart. Minden i. W. 1900
Die Mystik im Aufgange des neuzeitlichen Geisteslebens und ihr Verhältnis zur modernen Weltanschauung. Berlin 1901
Das Christentum als mystische Tatsache und die Mysterien des Altertums. Berlin 1902
«Uhlands Werke in drei Bänden. Mit einer biographischen Einleitung von Dr. Rudolf Steiner». «Berliner Klassiker Ausgaben». Berlin 1902
Wie Karma wirkt. Berlin 1903
Theosophie. (Einführung in übersinnliche Welterkenntnis und Menschenbestimmung). Berlin 1904
Wie erlangt man Erkenntnisse der höheren Welten? Zuerst erschienen in der Zeitschrift «Lucifer-Gnosis», Berlin 1904, in Buchform 1909
Aus der Akasha-Chronik. Zuerst erschienen in der Zeitschrift «Lucifer-Gnosis», Berlin 1904—1908, in Buchform 1939
«Wielands Werke. Ausgabe in fünf Büchern. Mit einer biographischen Einleitung von Dr. Rudolf Steiner». «Berliner Klassiker Ausgaben». Berlin 1905
Haeckel, die Welträtsel und die Theosophie. Berlin 1906
Die Erziehung des Kindes vom Gesichtspunkte der Geisteswissenschaft. Berlin 1907
Die Geheimwissenschaft im Umriß. Leipzig 1910
Vier Mysteriendramen: «Die Pforte der Einweihung» (Initiation). Ein Rosenkreuzermysterium. — «Die Prüfung der Seele». Szenisches Lebensbild als Nachspiel zur «Pforte der Einweihung». — «Der Hüter der Schwelle». Seelenvorgänge in szenischen Bildern. — «Der Seelen Erwachen». Seelische und geistige Vorgänge in szenischen Bildern. Berlin 1910—1913
Die geistige Führung des Menschen und der Menschheit. Berlin 1911
Anthroposophischer Seelenkalender. Berlin 1912
Ein Weg zur Selbsterkenntnis des Menschen. In acht Meditationen. Berlin 1912
Die Schwelle der geistigen Welt. (Aphoristische Ausführungen). Berlin 1913
Die Rätsel der Philosophie in ihrer Geschichte als Umriß dargestellt. Band I und II. Berlin 1914
Gedanken während der Zeit des Krieges. Für Deutsche und diejenigen, die nicht glauben, sie hassen zu müssen. Berlin 1915
Vom Menschenrätsel. (Ausgesprochenes und Unausgesprochenes im Denken, Schauen, Sinnen einer Reihe deutscher und österreichischer Persönlichkeiten). Berlin 1916
Von Seelenrätseln. (Anthropologie und Anthroposophie). Max Dessoir über Anthroposophie. Franz Brentano. Ein Nachruf. Berlin 1917
Goethes Geistesart in ihrer Offenbarung durch seinen «Faust» und durch das Märchen «Von der Schlange und der Lilie». Berlin 1918
Die Kernpunkte der sozialen Frage in den Lebensnotwendigkeiten der Gegenwart und Zukunft. Basel 1919
In Ausführung der Dreigliederung des sozialen Organismus. Stuttgart 1920
Anthroposophische Leitsätze. Das lebendige Wesen der Anthroposophie und seine Pflege. Der Erkenntnisweg der Anthroposophie. Das Michaelsmysterium. Dornach 1925
Mein Lebensgang. Herausgegeben von Marie Steiner. Dornach 1925
Grundlegendes für eine Erweiterung der Heilkunst nach geisteswissenschaft-

Fast die Hälfte
der erwachsenen Weltbevölkerung kann nicht lesen . . .

... dafür liest die andere Hälfte, wie es scheint, um so eifriger. So wuchs die Buchproduktion:

15. Jahrhundert – 40 000 Werke (Inkunabeln)
16. Jahrhundert – 520 000 Titel
17. Jahrhundert – 1,25 Millionen Titel
18. Jahrhundert – 2 Millionen Titel
19. Jahrhundert – 8 Millionen Titel

Heute werden allein in der Bundesrepublik in einem einzigen Jahrzehnt etwa 200 000 Titel aufgelegt.

Während im 16. Jahrhundert, einer englischen Quelle zufolge, neben dem Klerus nur Gelehrte und Ärzte in geringer Zahl Bücher besaßen, sind die Bücherwürmer heute kaum noch zu klassifizieren. Das Taschenbuch hat das Bücherlesen endgültig «demokratisiert». Zum ersten Male kann man Bücher vom Taschengeld kaufen. Der günstige Preis der Taschenbücher ist zu einem Teil der Werbung zu verdanken – der Werbung für das Taschenbuch und der Werbung im Taschenbuch, wie beispielsweise dieser Anzeige, die Ihre Aufmerksamkeit auf eine vorteilhafte Sparform lenken möchte.

lichen Erkenntnissen. Dr. Rudolf Steiner und Dr. Ita Wegman. Dornach 1925

2. Vortragsreihen in Buchform veröffentlicht

Einen Gesamtüberblick über ca. 6 000 Vorträge und Aussprachen gibt: «Das Vortragswerk Rudolf Steiners», bearbeitet von HANS SCHMIDT mit einem Geleitwort von Dr. Hermann Poppelbaum. 1950 Philosophisch-Anthroposophischer Verlag am Goetheanum Dornach.

Hier eine Auswahl:

Das Johannes-Evangelium. Hamburg 1908
Welt, Erde und Mensch. Stuttgart 1908
Ägyptische Mythen und Mysterien. Leipzig 1908
Apokalypse des Johannes. Nürnberg 1908
Das Johannes-Evangelium im Verhältnis zu den drei anderen Evangelien. Kassel 1909
Der Orient im Lichte des Okzidents. München 1909
Das Lukas-Evangelium. Basel 1909
Die Offenbarungen des Karma. Hamburg 1910
Die Mission einzelner Volksseelen. Kristiania 1910
Die Geheimnisse der biblischen Schöpfungsgeschichte. München 1910
Das Matthäus-Evangelium. Bern 1910
Der Christus-Impuls und die Entwicklung des Ich-Bewußtseins. Berlin 1908 bis 1910
Von Jesus bis Christus. Karlsruhe 1911
Das Markus-Evangelium. Basel 1912
Das Leben zwischen dem Tode und der neuen Geburt. Berlin 1912/13
Die Bhagavad Gita und die Paulusbriefe. Köln 1912/13
Die Mysterien des Morgenlandes und des Christentums. Berlin 1913
Christus und die geistige Welt. Suche nach dem heiligen Gral. Leipzig 1913 bis 1914
Christus und die menschliche Seele. Norrköping 1914
Die Erkenntnis der Seele und des Geistes. Berlin u. München 1907/08
Die Welträtsel und die Anthroposophie 1905/06 (als Buch 1983)

Die auf Grund von Nachschriften gedruckten Vortragsreihen waren teils öffentlich, teilweise nur Mitgliedern der Anthroposophischen Gesellschaft zugänglich. Seit 1924 wurden sie in Buchform zuerst durch den Philosophisch-Anthroposophischen Verlag und später durch die Rudolf Steiner-Nachlaßverwaltung im Rudolf Steiner Verlag herausgegeben.

3. Gesammelte Aufsätze

Herausgegeben in der Gesamtausgabe durch den Rudolf Steiner Verlag, Dornach, Schweiz

Gesammelte Aufsätze zur Dramaturgie. 1889—1900
Methodische Grundlagen der Anthroposophie. 1884—1901
Gesammelte Aufsätze zur Kultur- und Zeitgeschichte. 1887—1901
Gesammelte Aufsätze zur Literatur. 1886—1902
Biographien und biographische Skizzen. 1894—1905
Lucifer-Gnosis. Grundlegende Aufsätze zur Anthroposophie und Berichte aus der Zeitschrift «Lucifer» und «Lucifer-Gnosis», 1903—1908
Philosophie und Anthroposophie. 1904—1918
Das lebendige Wesen der Anthroposophie und seine Pflege. Zur Geschichte der anthroposophischen Bewegung und der Anthroposophischen Gesellschaft. 1902–1925

Der Goetheanumgedanke inmitten der Kulturkrisis der Gegenwart. Aus der Wochenschrift «Das Goethenaum», 1921—1925

4. Veröffentlichungen aus dem Nachlaß

In der Gesamtausgabe zum Teil erschienen:
Briefe aus der Zeit von 1881–1925 / Wahrspruchworte 1900–1925 / Übertragungen aus dem Alten und Neuen Testament — Mantrische Sprüche 1904—1914 / Anweisungen für eine esoterische Schulung. Aus den Inhalten der esoterischen Schule 1904—1914 / Bühnenbearbeitungen 1907 bis 1917 / Entwürfe zu den vier Mysteriendramen — Anthroposophie. Ein Fragment. 1910 / Gesammelte Skizzen und Fragmente. Aus verschiedenen Zeiten, teilweise nicht datierbar / Aus Notizbüchern und Notizblättern bis 1925

5. Das künstlerische Werk

Malerische und graphische Arbeiten, Skizzen und Entwürfe
Die Wiedergabe erfolgt in originalgetreuen Reproduktionen als Mappen oder Einzelblätter innerhalb der Gesamtausgabe.

6. Werke über Rudolf Steiner und die Anthroposophie

RITTELMEYER, FRIEDRICH: Vom Lebenswerk Rudolf Steiners. Aufsätze von 10 Mitarbeitern. München 1921
LAUER, HANS ERHARD: Rudolf Steiners Lebenswerk. Basel 1926
RITTELMEYER, FRIEDRICH: Meine Lebensbegegnung mit Rudolf Steiner. Stuttgart 1928
TROBERG, GUSTAV: Rudolf Steiner und die Anthroposophie. Heidelberg 1949
LEINHAS, EMIL: Aus der Arbeit mit Rudolf Steiner. Basel 1960
WACHSMUTH, GUENTHER: Rudolf Steiners Erdenleben und Wirken. Dornach 1951
STEFFEN, ALBERT: Begegnungen mit Rudolf Steiner. Dornach 1955
FRÄNKL-LUNDBORG, OTTO: Die Anthroposophie Rudolf Steiners. Dornach 1957
KRÜCK VON POTURZYN, M. J.: Wir erlebten Rudolf Steiner. Stuttgart 1957
POEPPIG, FRED: Rudolf Steiner. Wien 1960
Goetheanum, Freie Hochschule für Geisteswissenschaften: Rudolf Steiner 1861—1925. Eine Erinnerung an die Rudolf Steiner-Ausstellung des Jahres 1961 (Franz Carlgren und Arne Klingborg)
HAHN, HERBERT: Rudolf Steiner, wie ich ihn sah und erlebte. Stuttgart 1961
MEYER, RUDOLF: Wer war Rudolf Steiner? Stuttgart 1961
ZEYLMANS VAN EMMICHOVEN, F. W.: Rudolf Steiner. Stuttgart 1961
BECK, WALTER: Beiträge zum Lebensgang Rudolf Steiners. Stuttgart 1965
HIEBEL, FRIEDRICH: Rudolf Steiner im Geistesgang des Abendlandes. Bern 1965
HEMLEBEN, JOHANNES: Rudolf Steiner und Ernst Haeckel. Stuttgart 1965
STEINER, MARIE: Die Anthroposophie Rudolf Steiners. Einleitungen und Vorworte zu Erstveröffentlichungen von Steiners Werken. Dornach 1967
ARENSON, ADOLF: Leitfaden durch 50 Vortragszyklen Rudolf Steiners. 4. Aufl. Stuttgart 1969

7. Anthroposophische Werke von Schülern Rudolf Steiners (Auswahl)

ADAMS, GEORGE: Die Pflanze in Raum und Gegenraum. Stuttgart 1960
BARAVALLE, HERMANN VON: Physik als reine Phänomenologie. 3 Bde. Stuttgart 1951—55
BAUER, MICHAEL: Christian Morgenstern's Leben und Werk. München 1933
BECKH, HERMANN: Buddhismus. 2 Bde. Sammlung Göschen
Indische Weisheit und Christentum. Stuttgart 1938

Bindel, Ernst: Pythagoras. Stuttgart 1962
Bock, Emil: Das Alte Testament und die Geistesgeschichte der Menschheit. 3 Bde. Stuttgart 1934 f. Urchristentum. 4 Bde. Stuttgart 1937 f. Apokalypse. Stuttgart 1951
Boie, Dietrich: Mistel und Krebs. Stuttgart 1970
Cloos, Walter: Lebensstufen der Erde. Stuttgart 1958
Englert-Faye, Curt: Vom vergessenen Goethe. Basel 1952
Frieling, Rudolf: Aus der Welt der Psalmen. Stuttgart 1948
Christentum und Wiederverkörperung. Stuttgart 1974
Gleich, Sigismund von: Der Mensch der Eiszeit und Atlantis. Stuttgart 1936
Goebel, Robert, und Emil Bock: Die Katakomben. Stuttgart 1961
Grohmann, Gerbert: Die Pflanze. 2 Bde. Stuttgart 1951, Freiburg/Brg. 1953
Hahn, Herbert: Vom Genius Europas. 2 Bde. Stuttgart 1963—1964 — 2. Aufl. 1969
Hartmann, Otto J.: Erde und Kosmos. Eine philosophische Kosmologie. Frankfurt a. M. 1938
Hauschka, Rudolf: Substanzlehre. Frankfurt a. M. 1942 f
Hemleben, Johannes: Paracelsus. Frauenfeld und Stuttgart 1973
Jenseits. Reinbek 1975
Heydenbrand, Caroline von: Vom Seelenleben des Kindes. Stuttgart 1939
Heyer, Karl: Das Wunder von Chartres. Basel 1926
Hiebel, Friedrich: Die Botschaft von Hellas. Bern 1953. Novalis. Bern 1971
Husemann, Friedrich: Das Bild des Menschen als Grundlage der Heilkunst. I. Band zur Anatomie und Physiologie. II. Band zur Pathologie und Therapie. Stuttgart 1956
Karutz, Richard: Die Ursprache der Kunst. Stuttgart 1934
Kelber, Wilhelm: Die Logoslehre. Stuttgart 1958
Kirchner-Bockholt: Heileurythmie. Dornach 1962
Knauer, Helmut: Erdenantlitz und Erdenstoffe. Dornach 1961
König, Karl: Die ersten Jahre des Kindes. Stuttgart 1957
Lauenstein, Diether: Der Messias. Stuttgart 1971
Lehrs, Ernst: Mensch und Materie. Frankfurt a. M. 1953
Locher, Louis: Raum und Gegenraum. Dornach 1957
Meyer, Rudolf: Goethe der Heide und der Christ. Stuttgart 1936
Morgenstern, Christian: Wir fanden einen Pfad. München 1914
(Mit Widmung: Für Dr. Rudolf Steiner)
Ott, Gerhard: Grundriß einer Chemie nach phänomenologischer Methode. Basel 1960
Pelikan, Wilhelm: Heilpflanzenkunde. Dornach 1958
Pfeiffer, Ehrenfried: Gesunde und kranke Landschaft. Berlin 1942
Poppelbaum, Hermann: Mensch und Tier. Basel 1928 f
Tier-Wesenskunde. Dresden 1937 f
Schwenk, Theodor: Das sensible Chaos. Stuttgart 1962
Sieweke, Herbert: Anthroposophische Medizin. Dornach 1959
Steffen, Albert: Dramen, Gedichte, Essays, Romane, Merk- und Tagebücher. Dornach
Uehli, Ernst: Nordisch-Germanische Mythologie als Mysteriengeschichte. Basel 1926
Mythos und Kunst der Griechen im Geiste ihrer Mysterien. Dornach 1958
Unger, Georg: Vom Bilden physikalischer Begriffe. Band I und II. Stuttgart 1961
Vreede, Elisabeth: Anthroposophie und Astronomie. Freiburg/Brg. 1954
Wachsmuth, Guenther: Die ätherischen Bildekräfte in Kosmos, Erde und Mensch. Band I: Stuttgart 1924. Band II: Dornach 1927

Erde und Mensch. Band I: Zürich 1945. Band II: Dornach 1950
WILKEN, FOLKERT: Selbstgestaltung der Wirtschaft. Stuttgart 1949
WOHLBOLD, HANS: Mysterienweisheit. München 1927
KUGLER, WALTER: Rudolf Steiner und die Anthroposophie. Wege zu einem neuen Menschenbild. Köln 1978
WEHR, GERHARD: Rudolf Steiner. Wirklichkeit, Erkenntnis und Kulturimpuls. Freiburg i. B. 1982

8. Anthroposophische Zeitschriften in deutscher Sprache

Das Goetheanum. Wochenschrift für Anthroposophie. Dornach
Die Drei. Zeitschrift für Anthroposophie und Dreigliederung. Verlag Freies Geistesleben, Stuttgart
Erziehungskunst. Monatsschrift zur Pädagogik Rudolf Steiners. Hg. vom Bund der Waldorfschulen. Verlag Freies Geistesleben, Stuttgart
Die Menschenschule. Allgemeine Monatsschrift für Erziehungskunst und Lehrerbildung im Sinne Rudolf Steiners. Basel
Lebendige Erde. Zweimonatsschrift des «Forschungsringes für biologisch-dynamische Wirtschaftsweise». Darmstadt
Das seelenpflege-bedürftige Kind. Herausgegeben im Auftrage der Vereinigung der Heil- und Erziehungsinstitute von Dr. med. G. Starke. Bingenheim über Friedberg/Hessen
Mitteilungen aus der Anthroposophischen Arbeit in Deutschland. Anthroposophische Gesellschaft, Stuttgart
Gegenwart. Bern
Abhandlungen zur Philosophie und Psychologie. Herausgeber Dr. H. Büchenbacher, Dornach
Die Kommenden. Unabhängige Zeitschrift für freies Geistesleben. Herausgeber F. H. Hillringhaus. Freiburg/Brg.
Mensch und Baukunst. Stuttgart
Beiträge zu einer Erweiterung der Heilkunst nach geisteswissenschaftlichen Erkenntnissen. Stuttgart
Weleda-Nachrichten. Weleda-A.G. Schwäbisch Gmünd
Korrespondenzblätter für Ärzte. Wissenschaftl. Mitarbeiterkreis der Weleda-A.G. Schwäbisch Gmünd, Arlesheim (Schweiz)
Elemente der Naturwissenschaft. Philos.-Anthrop. Verlag am Goetheanum. Dornach
Die Christengemeinschaft. Monatszeitschrift zur religiösen Erneuerung. Herausgeber Dr. Rudolf Frieling. Verlag Urachhaus, Stuttgart
Beiträge zur Rudolf Steiner Gesamtausgabe. Herausgeber Rudolf Steiner-Nachlaßverwaltung, Dornach

QUELLENNACHWEIS DER ABBILDUNGEN

Atelier Rietmann, St. Gallen: Umschlag-Vorderseite, 81, 83, 106/107, 108, 110, 116, 146, 149, 150 / Privatbesitz: 6, 8, 9, 10, 14, 16/17, 19, 21, 26/27, 28, 31, 36, 46, 47, 48, 49, 50, 51, 53, 55, 59, 68, 70, 74, 75, 77, 84, 98, 104, 115, 124, 129, 131, 134, 140, 144/145, 156/157 / Foto Klose: 11, 15 / Österreichische Nationalbibliothek, Wien: 30, 32/33, 34, 38 / Historisches Bildarchiv Handke, Bad Berneck: 39 / Rudolf Steiner Nachlaßverwaltung, Dornach: 41, 122, 154 / Goethe-und-Schiller-Archiv, Weimar: 42/43, 44, 45 / Sammlung Johannes Hemleben: 109 / E. Gmelin, Dornach: 112/113, Umschlag-Rückseite / C. Schmid, Basel: 121 / Atelier Schneider, Stuttgart-Riedenberg: 127, 129 / Photoglob Wehrli AG, Zürich: 130 / Westdeutscher Luftfoto, Bremen: 132 / Dr. Karl König: 135 / Lendvai-Dircksen: 139

NAMENREGISTER

Die kursiv gesetzten Zahlen bezeichnen die Abbildungen